第9單元

在地文化資源的調查方法與應用

王怡茹　老師 ⊙ 陳建志　老師

王怡茹，國立臺灣師範大學地理學系博士。曾任職於國立東華大學臺灣文化學系、國立高雄第一科技大學通識教育中心，現為國立臺北大學民俗藝術與文化資產研究所助理教授。102年度曾獲「國史館國史研究獎勵」，並出版《淡水地方社會之信仰重構與發展——以清水祖師信仰為論述中心（1945年以前）》一書。學術專長為歷史地理學、社會文化史、信仰與地方社會、文化地景與觀光、無形文化資產等。

陳建志，現任教於國立高雄第一科技大學，2016年8月出版《方法對了，人人都可以是設計師》一書，榮獲全校必修「創意與創新」課程之教材。任教前曾在相關工業產品設計公司擔任產品設計師及設計總監等職務，其間多次獲得國內外相關設計競賽獎項之肯定；於任教期間，多次輔導跨領域學生團隊獲得國內外設計競賽獲獎、國際發明展金牌及發明專利肯定。個人專長為工業產品設計、平面設計、電腦輔助設計、設計思考、在地文創設計、模型製作、商品品牌開發等相關設計實務。

司長序

　　技職教育係以實務教學與實作能力之培養為核心價值，相較於普通教育，「務實致用」是技職教育的最大特色。技職人才之培育，不僅是各領域實作技術之傳承與精進，更肩負起帶動產業朝向創新發展的重責大任，因此，奠定專業實作能力與創新能力，是彰顯技職教育價值的關鍵。

　　為因應世界潮流趨勢，並發展學校特色，國立高雄第一科技大學於2010年提出非常具有前瞻性的校務發展目標：轉型為「創業型大學」，可謂是國內推動創新創業教育的技職先鋒，也獲教育部指定為「創新自造教育南部大學基地」，成果卓越，備受肯定。在傳統重視升學的教育體制下，學生的創意及實作能力漸被忽略，導致創新能力普遍不足，感謝國立高雄第一科技大學當火車頭，引領創新創業風潮，重視學生創意思維、獨立思考及跨域學習，鼓勵學生動手做、試錯、實踐創意，充分發揮創客(Maker)精神，正好符應教育部「從做中學」及「務實致用」之技職教育定位，以及推動大專校院知識產業化的政策方向。

　　隨著創意、創新、創業及創客之四創教育風潮興起，相關教材使用需求大增，國立高雄第一科技大學是推動四創教育的技職標竿學校，除了提供學生完善的學習機制與環境，近年來更陸續出版多本實用的相關教材，並秉持分享交流精神，對各大專校院推動創新創業教育貢獻良多。今該校教師合力編著《創意實作》，將動手實作的精神融入課程及日常生活中，且透過一本書就能學會9種技能，並了解國內外創客趨勢與介紹，實是跨領域教學及學習的最佳入門書籍，值得各界大力推廣，希望以達成人人都是Maker為目標，帶動國內產業創新與經濟的蓬勃發展。

蔡英文總統曾表示「技職教育應該是主流教育，推崇職人是一項值得發揚的傳統，而技職教育的實力，就是台灣的競爭力」。期許未來技職教育所培育之學生，能同時具備實作力、創新力及就業力，成為產業發展的重要支柱，及國家未來經濟發展、技術傳承與產業創新之重要推力。

教育部技職司

司長 楊玉惠 謹識

2018 年 1 月

校長序

「創客」（Maker）一詞，近幾年在全球迅速崛起，創客教育更是目前最夯的教育議題，國際競爭力不再僅是技術間的相互競技，而是取決於能產出多少創新能量。想要培養創新能力，第一步就要從校園扎根做起，透過翻轉教學，培育學生主動思考、發掘問題的能力；更重要的是，鼓勵動手實作，並從失敗中汲取成功元素，充分發揮 Maker 精神。

本校自 2010 年轉型為全國第一所創業型大學，致力於培養學生的創新力、實作力、跨域力及就業力，不僅於 2015 年興建完成「創夢工場」、2016 年興建完成「創客基地」，獲教育部指定為「創新自造教育南部大學基地」，成為南臺灣創業教育智庫，並於 2016 年得到國際 FabLab (Fabrication Laboratory) 全球 Maker 組織認證，全國僅本校與臺北科技大學兩所大學獲得該認證。同時，也與 180 餘所各級學校及教育局處和民間創客基地代表，於 2016 年簽署「創客教育策略聯盟」，希望能帶動南部自造運動的發展，培養新世代的自造者人才。

為提供完整的創意、創新、創業與創客四創教育，本校除開設「創意與創新學分學程」及「創新與創業學分學程」，並於 104 學年度率全國之先，首將「創意與創新」列為全校共同必修課程。「工欲善其事，必先利其器」，為因應四創教育之教學需求，本校自 2011 年起陸續出版相關教材，包括《創新與創業》、《創業管理》、《創新創業首部曲》、《服務創新》、《方法對了，人人都可以是設計師》等，希望透過這些教材輔助教學，產生事半功倍的效果，讓師生透過案例教學，激發創意與創新思維，並奠定創業的基礎知能。

「跨領域，才搶手」，業界對跨領域人才求才若渴，為了精進跨領域課

程，本校邀集全校 9 位不同專業背景的老師，以「創夢工場」及「創客基地」的實作設備為主，共同合作編撰《創意實作》。目前市面上的書籍大多集中在單一專業，本書則著重在跨領域教學及學習，希望藉由淺顯易懂的方式，講解設備操作步驟，讓讀者能輕鬆學會該單元設備的基本操作及實際練習。本書從創意、創新，延伸到創意實作，是創客教育及跨領域教育必備的一本好書。

　　Maker 是一種精神，一種文化，一種生活態度，更是一種實踐能力。期許本書能成為學習動手實作的最佳幫手，為台灣創客教育貢獻一份心力，也祝福所有勇於追夢、築夢的青年朋友們，能透過本書實踐自己的夢想，創造一個無限可能的未來！

校長 陳振遠 謹識
2018 年 1 月

課程引言

在現今的社會，網路的全球化趨勢，使得國際競爭力不再是技術之間的相互競技，而是在於你能創造出多少的創新能量。當我們思考該如何在這樣的創新世代趨勢中去培養創新能力時，最大的影響力，就是從校園開始向下扎根。透過學校的教育翻轉，讓學生學會思考、學會分享、學會自己發掘問題，更重要的是，學會自己動手實作的態度。

國立高雄第一科技大學率先在 2010 年宣示轉型為「創業型大學」，致力於培育學生「具備創新的特質，以及創業家的精神」，透過課程來落實培育學生具備「創意思維、跨域合作、數位製造、創業實踐」，並於 2016 年 8 月出版了《方法對了，人人都可以是設計師》一書，透過課程的設計來培養學生達到創意思維及跨領域的合作。有鑑於學生在數位製造及創業實踐方面，較缺少動手實作的經驗，本校陳振遠校長集結了 9 位來自不同專業背景的學者專家，透過跨科系、跨專業的方式，共同編撰出以創夢工場的場域設備為主，教你如何動手實作的《創意實作》，書中有 9 個操作單元，包括風靡全球的創客運動、材質色彩資料庫、木工機具操作輕鬆學、基礎金屬工藝、3D 列印繪圖與操作、CNC 控制金屬減法加工、LEGO 運用於多旋翼、遊戲 APP 開發入門，以及在地文化資源的調查方法與應用。9 個單元皆透過由淺入深的介紹，讓讀者可以更輕鬆入門。單元從風靡全球的創客運動開始作介紹，接著進入手工具的手工製作，其中包含了木工機具的操作及金屬工藝的認識，以便了解手作精神的重要性。在學習手作單元之後，才可以進入自動化設備的學習。

了解手工設備的製作後，再開始進行機械自動化的 3D 列印加法加工及

CNC 減法加工的軟體及設備操作。透過前面所包含的手工工藝製作及 3D 加工製作，之後就可以開始強調如何透過控制化程式來驅動動力進行加工。前 7 組單元從造型、結構、機構、邏輯、組裝等動手實作練習之後，第 8 單元也透過現今 APP 市場爆炸性的發展，從中學習如何開發出易上手的 APP 遊戲。

課程透過風靡全球的創客運動、手工具的操作、自動化機械設備加工、程式控制帶動馬達、APP 遊戲過程操作，以及在地文化資源的調查方法與應用等 9 個單元，來達到玩中學、學中做的教育翻轉，俾能符應我國技職轉型高教創新的精神，亦能切合本校創業型大學願景培育學生具備創新的特質及熱忱、投入與分享的創業家精神。

本書希望能培養更多想成為自造者的年輕學子，透過《創意實作》中所介紹的 9 個由淺入深的實作課程操作練習，讓你我都可以成為這個產業趨勢中的全能自造者，並且訓練自己能擁有更多的技能專長！

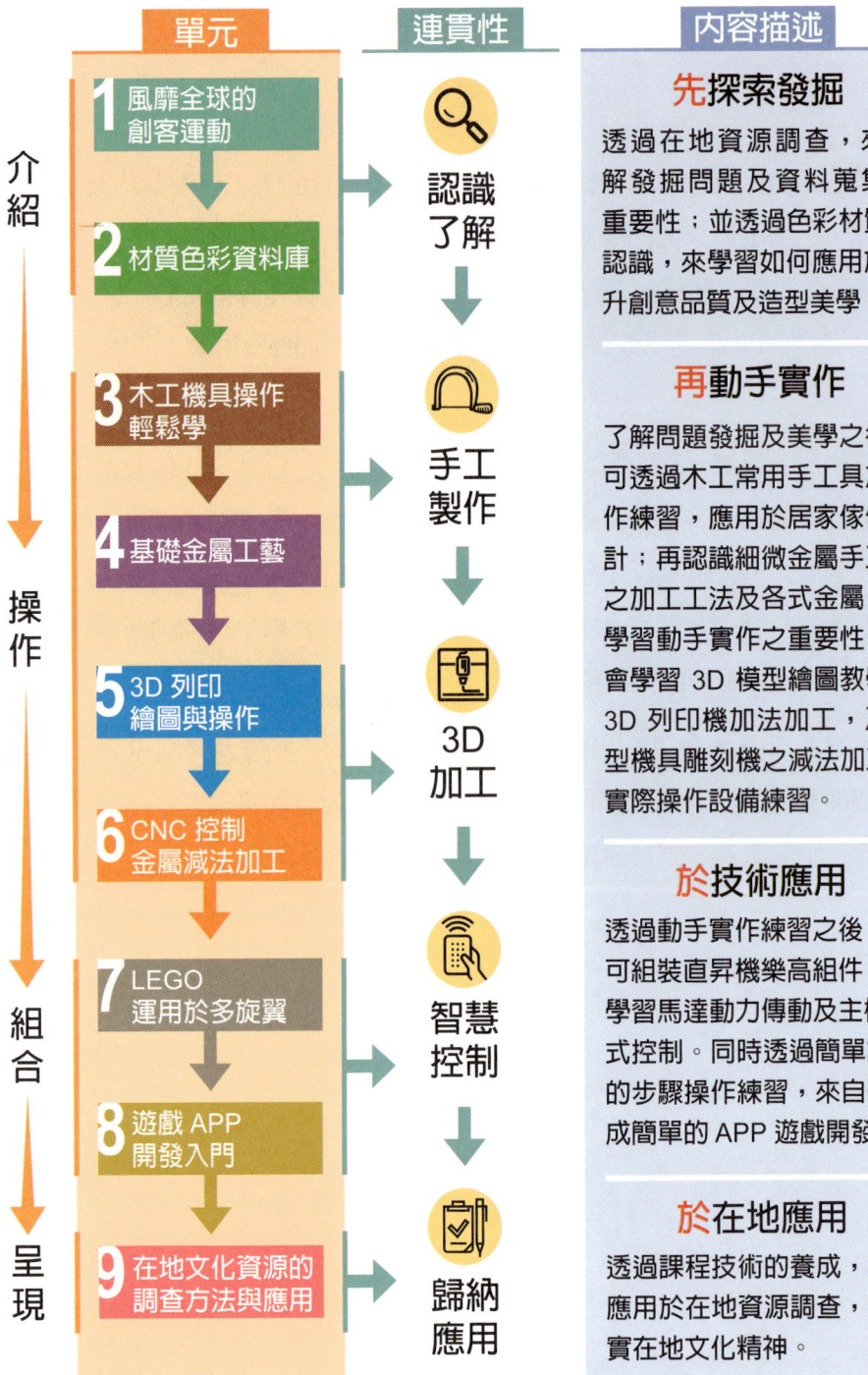

（圖，單元架構）

緒論

　　一個好的創意的產出，都是在不經意的發掘活動中探索出來的，所以透過生活周遭的調查與觀察，都可成為發展文化資源的重要過程。經由在地文化資源的調查方法與應用，得以學習探索問題及發掘屬於自己在地的文化創意，並間接培養出敏銳的觀察力。本單元藉由國立高雄第一科技大學地處北高雄橋頭、楠梓、燕巢三區域之交界地當案例，來練習在地文化資源的調查。首先針對三個區域的發掘與調查，再依據整合環境、資訊、資源等三大創新創業元素，以便進行地方文化產業的發掘與再造，希望能找出地方發展文創之文化資源並製作出可代表地方特色之文創商品雛形（prototype）。根據前面單元所學會的教學與實作練習，將有助於日後進階之創客工具（金屬工藝、木工機具操作、3D列印製作）等文創實作課程的串連，從中更加了解動手實作的創意緣由與契機，進而提高實作對於創意發掘的重要性。

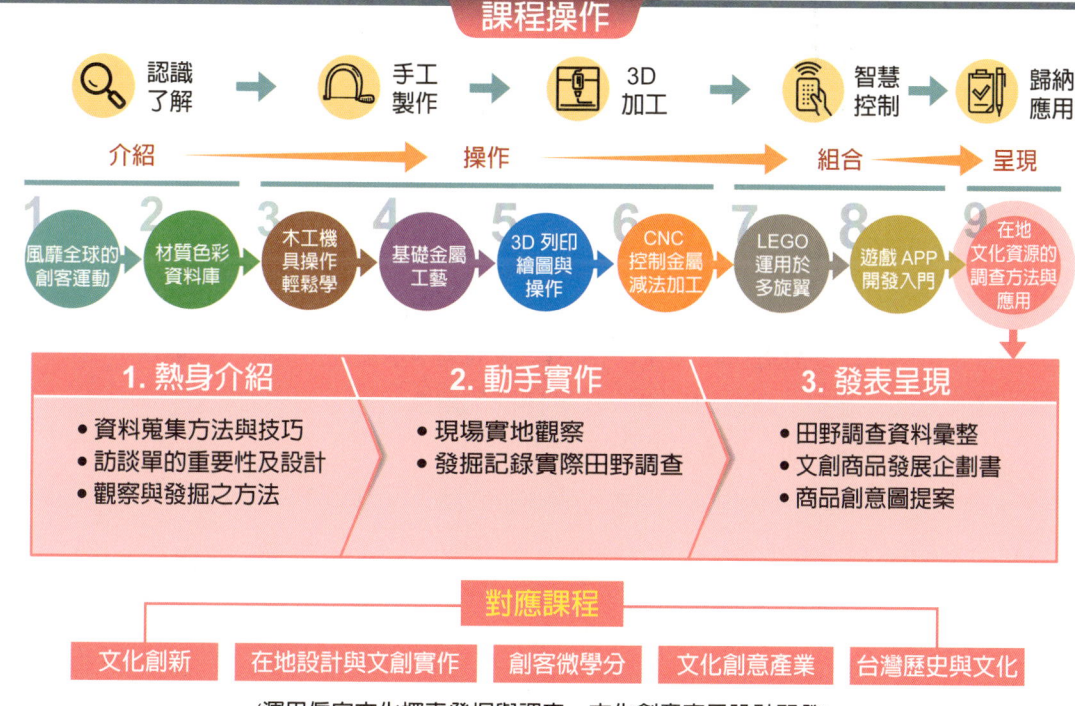

(運用偏向文化探索發掘與調查、文化創意商品設計開發)

目錄

司長序

校長序

課程引言

單元架構

緒論

前言 —— 9-2

9.1 田野調查的方法與技巧 —— 9-3

　一、認識田野調查場域 —— 9-3

　二、設計一份田野調查表／訪問單 —— 9-4

　三、事前作好萬全準備 —— 9-5

　四、訪談的技巧 —— 9-7

9.2 田野調查實作 —— 9-9

　一、觀察地理環境特色 —— 9-9

　二、分析地名特色所反映之人文發展軌跡 —— 9-13

　　(一) 反映一地之自然環境特色 —— 9-14

　　(二) 反映一地之人文環境特色 —— 9-15

　　(三) 發掘昔日清庄事件的場址：殤滾水紀念公園 —— 9-18

　三、廟宇：考察傳統漢人社會樣貌的重要場域 —— 9-21

　　(一) 廟宇調查的意義與調查方法 —— 9-21

　　(二) 從燕巢角宿天后宮尋找發展地方文創資源 —— 9-21

(三) 從燕巢安招神元宮尋找發展地方文創資源 —— 9-26

　　　(四) 從有交流、互動關係之廟宇尋找發展地方
　　　　　文創資源 —— 9-28

9.3　田野調查資料之運用 —— 9-29

　　一、田野調查資料彙整 —— 9-29

　　二、地方文創發展研擬與規劃 —— 9-31

9.4　在地資源探討於實作 —— 9-32

　　一、燕巢芭樂木木工筆實作設計 —— 9-32

　　二、芭樂木筆操作 —— 9-33

　　三、木工筆實際操作部分 —— 9-34

　　　(一) 木工筆材料 —— 9-34

　　　(二) 裁切木材要領 —— 9-34

　　　(三) 鑽床操作要領 —— 9-35

　　　(四) 車床操作要領之一 —— 9-36

　　　(五) 車床操作要領之二 —— 9-36

　　　(六) 固定車刀架要領 —— 9-37

　　　(七) 車刀之握持要領之一 —— 9-37

　　　(八) 車刀之握持要領之二 —— 9-38

　　　(九) 裝入筆套件內徑管之一 —— 9-38

　　　(十) 裝入筆套件內徑管之二 —— 9-39

(十一) 裝入筆套件內徑管之三 —— 9-39
　　　(十二) 細磨工作 —— 9-40
　　　(十三) 拋光工作 —— 9-40
　　　(十四) 內管及筆尖敲入木頭筆內 —— 9-41
　　　(十五) 套入筆芯與圓墊套 —— 9-41
　　　(十六) 裝入第二節筆桿及筆尾蓋 —— 9-42
　　　(十七) 芭樂木工筆作品呈現 —— 9-42
四、典寶溪魚網魚墜實作設計 —— 9-43
五、魚網魚墜模型操作 —— 9-44
六、魚網魚墜灌模操作部分 —— 9-45
　　(一) 主要灌模材料 —— 9-45
　　(二) 魚墜紙盒製作 —— 9-46
　　(三) 3D 魚墜模型 + 補土製作 —— 9-48
　　(四) 魚網墜灌矽膠模步驟 —— 9-50
　　(五) 魚網墜灌矽 Poly 步驟 —— 9-53
　　(六) 魚網墜灌成品 —— 9-55
　　(七) 成品展示 —— 9-57
七、動手實作回饋於在地資源調查應用之省思 —— 9-58

創意實作 ▶ 在地文化資源的調查方法與應用

前言

　　2000 年聯合國教科文組織（UNESCO）提出文化產業（Cultural Industries）的概念為：「結合創作、生產與商業，內容品質本質上是無形資產與具文化概念的，且通常藉由智慧財產權的保護，可以以產品或服務的形式來呈現。」[1] 20 世紀末期起，文化產業已然是都市的「象徵經濟」（symbolic economy），為許多先進國家都市再生的主要策略，也是許多第三世界國家對抗資本主義剝削的生存性策略。發展文化產業不僅可提升整體區域品質，也將成為活化地方經濟發展的重點策略之一。

　　國立高雄第一科技大學地處北高雄橋頭、楠梓、燕巢三區域之交界地（圖9-1），就區位角度而言雖屬都市邊陲區，然就當前高教政策定位而言，大學之於區域的定位儼然已形成：「教學面以學生為本位、學術面以學校為本體、服務面以大學為核心」之趨勢。自 2010 年 8 月起，第一科大朝「邁向創業型大

（圖9-1，第一科大鄰近行政區域圖，楊玫婕提供）

1　UNESCO, 2000, What do we understand by Culture industries.

學」之目標發展，在「創新、創業教育」及「創新、創業育成」二大發展主軸下，如何在既有的教學與研究成果基礎上，整合環境、資訊、資源等三大創新創業元素，進行地方文化產業發掘與再造，為未來之重點發展項目之一。

　　本單元將以「在地資源調查」為主軸，藉由實際考察認識地理環境、地名與在地廟宇特色，找出地方可發展文創之文化資源。進而透過創意思維、創新模式之實作，轉而成為文創商品雛形（prototype），以與進階之創客工具（金屬工藝、木工、3D 列印等）作結合。

9.1　田野調查的方法與技巧

　　田野調查是指親身投入該研究場域進行實地觀察工作，透過觀察和記錄，取得最原始的照片、筆記或錄音等第一手在地原始資料，並統整出所需知識。透過實地觀察和體驗，可增加對環境的解讀與詮釋，讓調查者能重新發現熟悉許久但往往卻忽略的生活環境，提高對環境知覺的敏銳度，同時可補強書本以外的知識，並有助於我們更進一步了解人、空間、地方與環境的關係。根據陳益源在進行民間文學田野調查的經驗，他認為鍥而不捨的精神、追根究柢的習慣、有效率的田野作業、建立和諧的人際關係等四個面向如可兼顧，即能獲得豐碩的成果。[2] 以下將從田野調查過程各階段應準備、注意事項逐一介紹。

一、認識田野調查場域

　　為使調查工作順利進行，必須先對當地有基礎認識，以預先做好調查準備與安全防護措施。因此，進入田野前蒐集與閱讀基礎資料，乃認識一地特色之必備過程。從地理學的觀點來看，如先從該地之「地氣水土生、人經交聚政」

---

2 陳益源（2005），民間文學田野調查實施策略，民間文學研究通訊 1：111-116。

（即：地形、氣候、水文、土壤、生物、人口、經濟、交通、聚落、政治）作不同面向之基礎資料蒐集，即可先有基礎的了解，並於田野調查時與實地觀察到的景觀、現象作驗證與呼應。

二、設計一份田野調查表 / 訪問單

在進行調查前，先架構明確的調查流程圖，規劃田野調查區域範圍、動線、對象，有助於確認主題（包括對象、區域）、扣緊主題，以得到預期效果。為避免遺漏，可於調查前，先依研究主題於行前擬訂田野調查表 / 訪問單，並於田野調查過程中，視狀況進行內容調整，將可有效取得相關資訊。田野調查表 / 訪問單內容可涵蓋如下（表9-1）：

一、歷史：地方歷史發展背景、傳說故事、古蹟。
二、自然環境特色：地形、氣候、水文、土壤、生物。
三、產業：地方農漁特產、相關特色產業。
四、習俗與信仰：地方信仰中心、文化活動、神明會組織等。
五、其他：田野調查過程中所發現的任何資訊、特色，或前述未竟之處，均可增列於此。

如有二人以上共同進行主題調查、訪談時，可採任務分工方式於行前做好工作分配表，並讓所有參與者了解分工狀況，必要時彼此可互相支援與協助，提高調查效率。

表9-1　田野調查表／訪問單

國立高雄第一科技大學 通識教育中心
地方文創發展計畫 訪問調查單

年　月　日

社區／廟宇		地址：	
受訪對象 （年紀、姓名、職業）			
歷史 （特殊性、傳說、遺跡、古蹟）			
自然環境特色 （天災、水患、自然環境特色）			
產業 （農特產、其他特色產業）			
習俗與信仰 （廟宇、神明會組織）			
相關重要人士			
社區發展困境			
未來兩者互動			

資料來源：王怡茹、陳猷青製表。

三、事前作好萬全準備

「工欲善其事，必先利其器」，在田野調查過程中，文字、影像、聲音的記錄是相當重要的。因此，可依照調查對象、場所屬性，準備筆記本、筆、相機、手機、平板電腦、筆記型電腦、DV（或錄影機）、錄音筆等記錄工具。進入田野調查場域後，先將所觀察到的人、事、時、地、物以各種載具記錄下來，後續再作進一步的分析與解釋工作。準備輔助記錄之捲尺、手電筒、電池、記憶卡、充電器、轉接設備……等，以及因應調查環境應準備之遮陽、防曬、防蚊、防雨等用品，均可使調查過程更加順利。

創意實作 ▶ 在地文化資源的調查方法與應用

走進田野前,地圖準備、讀圖能力亦為必備之技能。地圖是地表現象具體而微的一種表現,可將地表上大面積的空間現象縮小到一種可觀察的形式,是人類對環境資訊摘取(abstract)及加以顯示的結果,也是人類賴以建立特有環境觀與空間觀的主要工具。地圖不僅提供一個地方/區域的地理資訊,也可重現地理變遷或區域發展歷程。隨著科技發達,傳統紙張地圖在製作、更新、表現、攜帶、儲存、分析等功能均有其限制性,電子地圖突破了傳統紙張地圖的侷限性,並可結合空間資訊,發揮增刪、合併、擷取、分析、查詢等功能。調查時可善用手機、平板電腦等資訊設備,及時定位、查詢免費圖資,將有助於掌握方向與當地環境資訊(圖9-2)。

小提醒
田野調查場域不一定都是易達性高或都市化程度高的地方,為確保調查過程順利、安全,事先規劃並做好準備工作是很重要的。行前應先對當地環境、氣候、交通作基礎了解,並準備攜帶便利的工具/物品,如手機、零錢、藥品……等,以備不時之需。

(圖9-2,善用手機、平板電腦等資訊設備及時查詢資料、拍攝照片。攝影:殷豪飛)

另外,如調查工作有訪談需求,進入調查場域前最好事先以電話、e-mail聯繫相關人士,預約訪問時間。訪談對象可包括村里長、地方頭人、耆老、文史工作室、地方人文協會等對地方歷史文化、環境背景熟稔人士,透過他們的

生活經驗分享,可取得許多書本上所沒有記錄到的寶貴資料,訪問者也可透過受訪者的回答內容,與相關書籍或文章相互比較事件的真實性。

四、訪談的技巧

訪談是田野調查工作中必備的過程,一般常見的訪談類型(表 9-2)有結構式訪談(structured interview)、非結構式訪談(unstructured interview)、半結構式訪談(semi-structured interview)三種訪談法,每種訪問法都有其優缺點,可依照訪談對象、訪談議題選擇合適的方法。如不諳當地的語言,建議尋找對當地語言、文化了解的人陪同,即可減少溝通、語言/文化轉譯的時間。

表9-2 一般常見的訪談

	結構式訪談	非結構式訪談	半結構式訪談
特性	又稱標準化訪問,訪問者事先規劃好結構性問題,按問題順序訪問受訪者,一般多用於問卷訪問。	沒有提出問題的標準程序,訪問者以開放性問題讓受訪者回答。	結構式與非結構式訪談的折衷,受訪者先以一系列結構式問題發問,再採用開放性問題深入探究相關議題。
優點	1. 訪問者較易控制訪問內容、訪問時間。 2. 問題答案較一致,方便後續資料整理工作。 3. 易比較各訪談資料。	1. 受訪者不限於既定答案,可自由發揮、暢所欲言。 2. 訪問者可能取得許多意想不到的答案與資料。	1. 可取得較完整之資料並易有系統地作比較。 2. 可充分得知受訪者對採訪議題的想法。
缺點	1. 受訪者可能受設計題目限制,無法暢所欲言。 2. 問題設計如不夠周延,須再費時採訪。 3. 訪問者無法進一步探討問題答案之背後原因。	1. 訪問過程較費時。 2. 受訪者回答問題時可能過度主觀。 3. 訪問資料可能較為零散,不易整理。	1. 開放性問題訪談過程較費時。 2. 開放性問題所取得之資料可能較為零散,不易整理。

資料來源:作者製表。

創意實作 ▶ **在地文化資源的調查方法與應用**

（圖9-3，燕巢安招神元宮廟前榕樹下，經常有地方耆老在此乘涼、談天。攝影：殷豪飛）

　　訪談前應先自我介紹，讓受訪者充分了解訪問的目的，最好製作名片，方便受訪者了解自己的身分；假設未攜帶名片，也可提供服務／就學單位證件。如調查過程中，有錄音、錄影需求，務必徵得受訪者的同意。若無鎖定特別之對象進行訪談，可隨機與廟內相關工作人員、樹下聚會的地方人士閒聊，有可能因此而獲得許多意想不到的資訊與知識（圖9-3）。訪談開始時，先消除緊張、建立關係後，再切入問題，且應讓多位受訪者表達自己的想法與意見，切勿隨意打斷、左右受訪者的想法，尤其不要以既有的印象或將個人偏見導入訪談內容去糾正受訪者的說法。

　　訪談問題設計宜由淺入深、由近至遠，最好從受訪者感興趣的議題切入，可使其更主動回覆受訪者的問題；如遇敏感性話題，可採迂迴、漸進方式引導其回答。訪問過程中，當受訪者開始講述時，應仔細聆聽，從其發言中發掘、延伸更多相關問題，且必須秉持客觀、中立態度，不要加入太多個人情緒意見，以免影響受訪者的回答內容。如受訪者主動提供相關老照片、古文書、祖譜、舊文物等資料，在徵求對方同意後，將其翻拍作記錄，並以光碟片燒錄一份予受訪者留存；如有向受訪者借閱相關資料，務必依約定歸還。

9.2　田野調查實作

　　進入田野調查場域時，必須有東西南北四向方位觀，除透過手機定位、指北針指示外，也可觀察太陽所在位置推估大致的方位。並且，留意去程走過的路、沿途重要地標，以免迷失方向。以下筆者以國立高雄第一科技大學鄰近區域為例，說明實際走入田野場域時應注意的重點與特色，以作為未來地方文創發展之著眼點。

一、觀察地理環境特色

　　國立高雄第一科技大學地處高雄平原，介於嘉南平原與屏東平原過渡地帶，平原上有若干隆起珊瑚礁與泥火山地形。隆起珊瑚礁由東北到西南有大岡山、小岡山、半屏山[3]、龜山、壽山、鳳山，略成一線排列，昔日為重要之石灰礦區，民國 86 年（1997）終止水泥業者採礦權後，各山開始進行植生綠化。目前這些地方仍可見停用之水泥工廠建築，反映昔日地方產業特色。2011 年 12 月 6 日在地方民間保育團體的推動下，內政部營建署成立「壽山國家自然公園」，將壽山（並非全部納入）、半屏山、旗後山、龜山、左營舊城等自然地形與人文史蹟納為保護範圍，為我國第一座國家自然公園。

根據國家公園法第 8 條有關「國家自然公園」之名詞定義：符合國家公園選定基準而其資源豐度或面積規模較小，經主管機關依本法規定劃設之區域。亦即一地具有保護價值，然其資源豐度或面積規模較小，未達國家公園劃設基準，以「國家自然公園」方式納入國家公園體系予以保護。

---

[3] 1956 至 1997 年間，水泥業者在半屏山山腳下設廠開挖石灰岩，經過數十年的開採，半屏山石灰岩幾乎被開採殆盡，原本特殊的單面山外型亦受到改變，山的高度也降至 170 公尺左右。採礦權終止後，礦區開始植生綠化，並由高雄市政府在半屏山的西北側設置自然公園。

鄰近之泥火山地形有燕巢烏山頂泥火山（圖9-4）、橋頭滾水坪（圖9-5）、彌陀漯底山[4]等處（陳正祥，1961），如以燕巢地區的地形特色為例，本區擁有豐富的泥岩惡地與泥火山地形。惡地地形因地表遭受強烈侵蝕，出現無數深峻相鄰的溝谷，導致崎嶇難行，且不易作為農業土地利用的地區，有非常細緻的水系網路，短而陡急的坡，狹窄的河間地和童山濯濯、草木難生的景觀，依發生的岩層分為兩種類型：礫岩惡地（如三義火炎山）、泥岩惡地（如田寮月世界）。「泥火山」係指地表下的天然氣或火山氣體沿著地下裂隙上湧，沿途混合泥沙與地下水形成泥漿後，湧出地表堆積的過程。其形成條件有：一、地底下儲有巨大的壓力。二、地底岩層要有裂隙，以供氣體與地下水湧出地面。三、地底岩層中要有膠結鬆散且亦被地下水攜帶的泥質物質（楊建夫，1996）。由於其所噴出泥漿常伴隨著天然氣，遇火容易產生熊熊火光。泥火山的型態與泥

（圖9-4，燕巢泥岩地形土質較脆弱，在河川、降雨、地表逕流沖蝕下，形成 V 形蝕溝。攝影：王奇強）

（圖9-5，滾水坪泥火山。攝影：陳猷青）

---

4 漯底山是由泥火山湧出泥漿堆積而成的長 800 公尺、寬 600 公尺、標高 53 公尺山丘，泥漿分布規模居全台灣最大，但全部都是軍事管制區，一般人無法進入。楊建夫（1996），可愛的小地形——泥火山，地景保育通訊 4。

漿的黏稠度（含水量）與噴出氣體壓力有關。一般常見的泥火山地形有噴泥錐、噴泥盾、噴泥盆、噴泥洞、噴泥池五大類型（圖9-6至圖9-8）。「烏山頂泥火山」因錐狀泥火山體地形完整且活動性高（圖9-9），民國81年（1992）依據文化資產保存法劃定為自然保留區，全區占地4.89公頃，本地同時也屬燕巢惡地地質公園的一部分。

（圖9-6，噴泥盆。攝影：王奇強）

（圖9-7，噴泥洞。攝影：王奇強）

（圖9-8，噴泥池。攝影：王奇強）

（圖9-9，烏山頂泥火山為典型的錐狀泥火山，目前仍可見明顯的噴泥錐地形。攝影：王奇強）

由於燕巢境內地質多為泥火山泥岩層之青灰岩土質，內含鈉（硫酸鹽）與氧化鎂元素，適合種植芭樂、蜜棗、西施柚（合稱「燕巢三寶」）。燕巢芭樂種植面積約有1,600公頃，一年四季皆可收成，國人喜愛之「珍珠芭樂」即源於本區；蜜棗盛產於冬季（每年12月中旬至隔年3月），因果粒大、皮脆汁甜，享有「台灣蘋果」之美譽。西施柚因汁多、甜度高，又稱「蜜柚」，其盛

產期約在農曆九月至十一月初。[5] 當地金山社區近年結合產業、文化、地質公園等地方元素,透過「金山棗樂趣」、「金山十八樂(食芭樂)」、燕巢一日農村小旅行、泥火山下的農村學校、阿嬤炊粿(圖9-10)等活動規劃,帶動地方社區發展。

(圖9-10,金山社區炊粿文化體驗活動。攝影:陳正智)

流經高雄第一科技大學校園附近的典寶溪源自燕巢山區,沿途流經面前埔、鳳山厝、下厝仔、中路林、芎蕉腳、橋仔頭、五里林、埔鹽、中崙、頂鹽田、梓官、同安厝、大舍甲、典寶、茄苳坑、蚵仔寮等聚落,最後由梓官區蚵仔寮港入海。今德松里、東林里、西林里、芋寮里昔日稱「五里林」,一帶因地勢及水流關係,早年居民利用溪床叢生的刺竹、竿蓁作為住屋建材,以刺竹當樑柱,再榫接為屋身骨架,牆身以竿蓁、竹片編成後,內糊稻草、泥土,表面再塗上一層細石灰,屋頂鋪蓋茅草。如遇大水將至,居民即拆除屋頂茅草、敲掉

---

5 行政院農業委員會林務局、國立台灣大學地理環境資源學系、林俊全、蘇淑娟(2014),台灣的地質公園,台北:農委會林務局,頁 48-55。

牆身稻草土片後，眾人合力將屋架扛走；洪水退去後，再將屋架扛回原址重修。[6] 當地也因洪水的考驗而歷練出村民和惡劣環境搏鬥，以及團結合作的精神，衍出「水流庄」一名並有「扛柱仔腳厝」之特殊文化活動。目前雖已不見柱仔腳厝的原貌，但於連接東林里與筆秀里的五里林橋頭，仍可看到昔日居民「扛柱仔腳厝」時的樣貌示意圖（圖9-11）。

（圖9-11，五里林橋上記錄了「扛柱仔腳厝」的歷史。攝影：陳猷青）

二、分析地名特色所反映之人文發展軌跡

　　地名是人類對某一特定地點與地區所賦予的專有名稱，其可代表命名對象的空間位置、反映了一地的自然與人文環境特徵人對某一空間或地方的認知，可作為了解不同地方社會之變遷與發展之表徵，以及地名命名過程中所隱含的社會建構意義。因此，過去曾有學者將地名視為「地理的化石」[7]、「歷史的代言者」[8]。一般而言，「地名」二字可指稱的對象相當廣泛，舉凡聚落名、地方名、街道名、建物名、山川名、公園名，甚至郵遞區域、地籍編號，都可以地名稱之。[9]

　　地名基本要素有：音（語音）、形（字形）、義（字面意義）、位（地理實體

---

6 陸寶原（1998），橋頭鄉地名，台灣地名辭書（卷五）高雄縣第二冊，南投：國史館台灣文獻館。

7 翁佳音（2001），〈舊地名考證與歷史研究──兼論台北舊興直、海山堡的地名起源〉，《異論台灣史》，台北：稻鄉出版社，頁283。

8 洪敏麟（1980），《台灣舊地名之沿革》，南投：台灣省文獻委員會，頁4。

9 葉韻翠（2013），〈批判地名學──國家與地方、族群的對話〉，《地理學報》68期 (2013/04)，頁71。

所在位置)、類(地理實體的類型)等五項。就從地名的命名結構來看,地名通常由專名、通名組成,其起源因人、事、時、地有所差異。專名(specific part)一般為形容詞或名詞,如大、小、新、舊;通名(generic part):一般為名詞,指當地的環境共通性,如地形(崙、崁、坑)、聚落(厝、寮)。通常專名在前,通名在後,如大坑(台中)、舊寮(高樹)。

(一) 反映一地之自然環境特色

透過地名命名方式,可觀察出一地之自然環境特色,如一地之絕對方位,有東、西、南、北、中之地名;因二地之相對方位,有頂/下、前/後、內/外、頭/尾之別;另如地名中如有山、嶺、崙、屯、墩、坪,係指凸起地形;有坑、湖、堀(窟)、漯、凹、底,則為下凹地形,如凹子底(高雄三民區)、水底寮(屏東枋寮)。

有些地區的地名與當地之微地形特色有關,如湳、濫、垵:意指爛泥巴地,相關地名有水湳(台中北屯區)、草垵(台南學甲);漯(義同「塌」):腳踩下去會陷落,如草漯(桃園觀音);滾水:泥火山作用產生的景觀,如第一科大東校區大門出口不遠處之「滾水」、「滾水坪」。另也有以當地顯著植物景觀命名的慣例,如香蕉(芎蕉)、芭樂、芒果(檨)等水果,普遍存在於全台各地,第一科大西校區大門外之聚落「芎蕉腳」即為一例(圖9-12)。[10]

(圖9-12,芎蕉腳聚落位於高雄市楠梓區清豐里西北邊,臨國立高雄第一科技大學西校區。攝影:王奇強)

---

10 與香蕉(芎蕉)相關地名有:芎蕉腳(高雄楠梓)、金蕉灣(屏東恆春)、芎蕉坑(苗栗苑裡);與芭樂相關地名有:拔仔林(桃園大園)、那拔林(台南新化)、拔仔腳(雲林口湖)、拔仔湖(台中后里)、拔雅林(宜蘭頭城);與芒果(檨)相關地名有:檨仔林(台南白河)、檨仔寮(彰化二水)、檨仔腳(高雄橋頭)、檨仔坑(雲林斗六)。

(二) 反映一地之人文環境特色

除了自然因素外，人文活動也影響了一地地名的命名方式，相關命名原則有：家屋住宅相關（庄、厝、屋、寮）、拓墾組織通名（鬮、結、股、份、堵、石牌、土牛）、血緣或地緣組織（泉州、漳州、永定）、歷史沿革與傳說（紅毛、黑鬼埔）、產業相關地名（枋寮、隘丁寮）、以人名命名（林鳳營、吳全）……等。

中國古代天文學家將天上的恆星分為三恆、二十八宿，鄭成功部隊編制有部分即以二十八星宿為編列原則，象徵天兵、天將，有祈求部隊常勝之意。

明鄭時期，台灣的田園依據所有權主要可分官田、私田（文武田）、營盤田三大類。營盤田係指駐防各地營兵，就其所駐地開墾而成的田園，大多分布於今台南市、高雄市，其地名特色有二：一、有營、鎮等通名。二、有前、後、左、右、大、小、上、下等專名。相關地名有：參軍、前鎮、前鋒、後勁、後協、右衝、中衝、援勦中、援勦右、中權、角宿、仁武、北領旗、三鎮、左鎮、營前、營後、五軍營、查畝營、果毅後、新營、舊營、中營、後營、下營、大營、二鎮、左鎮、中協、林鳳營……等。國立高雄第一科技大學東校區鄰近之燕巢區、楠梓區、橋頭區、仁武區境內即有許多地名與鄭成功所轄部隊之屯墾區。

燕巢區之「燕巢」地名舊稱「援勦中」，為援勦中鎮屯墾區，約為今日東燕里、南燕里範圍，日治大正9年（1920）才改名「燕巢」；「安招」里舊名「援勦右」，為援勦右鎮屯墾區，目前當地老人家仍稱當地為「援勦右」（圖9-13）；「角宿」為東方蒼龍七宿（角、亢、氐、房、心、尾、箕）之首，明鄭時期「角宿」鎮於此，係指駐守東方之軍營。橋頭區之「筆秀」原名「畢宿」（圖9-14），為西白虎之一星座名稱，目前地方組織團體命名時，仍保有「畢宿」之舊稱（圖9-15）。

9-15

(圖9-13,「安招」舊名「援剿右」,源於明鄭時期援剿右鎮之屯墾地。攝影:王奇強)

(圖9-14,位於橋頭區之「筆秀」舊名「畢宿」,源自鄭成功部隊二十八星宿之「畢宿鎮」屯墾地。攝影:殷豪飛)

（圖9-15，透過田野調查可發現，筆秀當地仍保留「畢宿」之舊地名。攝影：王怡茹）

　　位於高雄第一科大東校區校門出口不遠處之「中崎」舊名「中衝崎」，為明鄭時期中衝鎮屯墾地；乾隆年間至道光初年間，中崎溪為重要通商港埠，並設有碼頭、棧寮，船隻可順著中崎溪、倒松溪、五里林溪與萬丹港（今左營軍港）、蟯港（今興達港），以及台南府城往來。[11] 故當地俗諺謂：「有中崎厝，無中崎富；有中崎富，無中崎厝」，反映昔日地方經濟繁榮之貌。俗諺所言之中崎厝為當地黃家宅邸，據傳於清代時黃家擁有七艘大船，富甲一方，蓋了規模「九包五，三落百二門」的中崎厝。然而，日治初期因日軍清庄事件房屋遭焚燬，重建後的黃家大厝（圖9-16），已不復當年盛況。2006年，因執行文建會公共空間藝術再造計畫——橋仔頭案例「麻雀愛鳳凰」子計畫「書寫中衝崎」，橋仔頭文史協會與湛墨書藝會合作，以書法形式，將地方民眾口述之中衝崎（圖9-17）開庄歷史、地名由來、中衝崎舖、龍脈傳說、日治時期清庄事件……等，記錄於社區主要街道牆面。

---

11 簡炯仁（2002），《高雄縣岡山地區的開發與族群關係》，高雄：高雄縣政府文化局，頁302-307。

（圖9-16，今日所見之中崎黃家古厝（橋頭區中崎里 15 號）為日治時期重建，已不見當年之盛況。 攝影：陳猷青）

（圖9-17，中崎舊名「中衝崎」，為明鄭時期中衝鎮屯墾地。攝影：殷豪飛）

除前述地區外，鄰近之楠梓區境內的後勁、右昌（衝），乃後勁鎮、右衝鎮軍隊屯墾地，以及仁武區之「仁武」地名源於鄭成功十武營（仁、義、禮、智、信、金、木、水、火、土）等等，透過這些地名均可窺見昔日這些地方曾為明鄭時期軍隊屯墾地之歷史軌跡。

（三）發掘昔日清庄事件的場址：殤滾水紀念公園

日治初期，援剿中設有憲兵分駐所，每日皆有聯絡兵以騎馬往返橋仔頭部隊與分駐所間送公文，途中會行經滾水庄。當時台灣各地群起對抗異族統治的突擊事件，某日聯絡兵行經滾水庄附近便橋時，遭到襲擊，滾水庄因而成為當

時日軍清庄的目標。1898年，日軍以戶口調查名義將滾水庄庄民集結於觀水宮廣場（圖9-18），逼問突擊民兵下落，但因問不出所以然，最後將全庄16歲以上男丁以極不人道的方式殺害。庄內部分婦孺被迫離開本地另謀生路，或將子女送給他人撫養，使得滾水庄形同廢墟。[12] 援剿人文協會進行地方文史調查時，將一百多年前觀水宮一帶曾發生慘絕人寰的歷史記憶重新挖掘出來；為感念先人，援剿人文協會於事件發生100年後，於今觀水宮對面豎立「殤滾水紀念碑」（圖9-19）。

（圖9-18，滾水觀水宮位於高雄市燕巢區角宿里滾水路150號。攝影：陳猷青）

日軍於燕巢、橋頭展開的報復性清庄事件，不僅滾水庄受難，鄰近的援剿右庄、中崎庄、筆秀庄、六班長庄（今橋頭區三德村）等地，也都受到嚴重的波及，為著名的「滾水庄清庄事件」。

---

12 林朝鵬（2004），〈滾水庄清庄事件〉，《高縣文獻》23期，頁193-196。

創意實作 ▶ 在地文化資源的調查方法與應用

（圖9-19，「殤滾水紀念碑」位於今高雄市燕巢區角宿里滾水路150號，觀水宮對面。攝影：陳猷青）

（圖9-20，筆秀天后宮位於高雄市橋頭區筆秀里筆秀路廟前巷4號，據《鳳山縣採訪冊》所載，筆秀天后宮興建於同治八年（1868），由董事許天文等人募款籌建。1895年日軍藉口「清庄」殘殺抗日民眾，廟宇亦遭祝融。媽祖神像在居民搶救下，暫供奉於民宅，1935年廟宇於現址重建後，才重新安座於廟內。攝影：殷豪飛）

三、廟宇：考察傳統漢人社會樣貌的重要場域

(一) 廟宇調查的意義與調查方法

在漢人傳統移墾社會中，廟宇經常扮演地方政治、經濟、社會中心的多元角色，透過廟宇興建背景、整修年代、廟內的匾額與碑碣、信徒的形成與流失……等，可視為觀察地方社會發展之媒介。[12] 不同聚落具有不同發展背景與信仰特色，透過地方志書、相關文獻資料蒐集，輔以實地考察廟內建築、廟宇文物，口訪地方耆老……等資訊累積，將有助於對一地之歷史發展脈絡有更多的了解，並從中發掘地方/區域特色，以作為發展地方文創之文化素材來源。

從資源調查角度來看，走進漢人廟宇進行田野調查時，有哪些重點需要留意呢？就林衡道（1985）長年進行古蹟調查的經驗來看，參觀寺廟的要領有八：一、先站在廟埕前，欣賞整座廟的全景。二、環顧四周的側景和後景，並注意相關的建築物。三、入正門看內景，了解建築裝飾藝術。四、讀碑記，可了解寺廟歷史、重修沿革。從捐獻芳名錄可了解昔日社會、經濟發展情形。五、欣賞匾、聯，可了解神明的由來、使命，或寺廟所在地的原始風貌。六、藉由香爐了解寺廟創建最正確的年代。七、藉由寺廟了解正神祖籍來歷，左右配祀神明的源由。八、其他塑像或牌位亦是一個有意義的歷史故事。

(二) 從燕巢角宿天后宮尋找發展地方文創資源

位於國立高雄第一科技大學東北方之燕巢角宿天后宮為燕巢歷史最悠久、規模較大的廟宇（圖9-21）。據《鳳山縣採訪冊》所載，天后宮「一在角宿莊七里山麓（觀音），縣北三十里，屋六間（額「龍角寺」），乾隆三十八年貢生柯步生建。」由此可知，角宿天后宮舊稱「龍角寺」，透過田野調查可於今

---

[13] 王怡茹（2014），《淡水地方社會之信仰重構與發展——以清水祖師信仰為論述中心（1945年以前）》，台北：國史館，頁74。

（圖9-21，角宿天后宮位於高雄市燕巢區角宿里角宿路6之1號。攝影：陳猷青）

廟前天公爐找到昔日「龍角寺」舊名（圖9-22）。雖然廟宇曾多次修建，但透過廟內匾額、石鼓、石碑，以及廟方保留於虎邊廂房外之石柱、石雕等舊文物，仍可推知廟宇的修築年代（圖9-23）。

（圖9-22，角宿天后宮舊名「龍角寺」，據《鳳山縣採訪冊》所載，本廟為乾隆三十八年（1773）貢生柯步生所建，目前天公爐仍可見「龍角寺」之舊稱。攝影：陳猷青）

（圖9-23，廟方將廟宇石柱、裙堵等舊文物，保留於虎邊廂房外。攝影：殷豪飛）

廟宇虎邊廂房外的一對石柱「星山聚秀鍾龍角，梅島分符惠鳳彈」，顯示廟宇曾於「道光二年梅月」的修建記錄（圖9-24）。廟宇前殿「光被四表」匾額最早是乾隆四十八年時由鄭南金、鄭克捷所敬獻，後來廟宇曾整修過，匾額左邊「道光十年歲次庚寅桐月吉保重修」字樣，即為道光十年廟宇的整修記錄（圖9-25）。另被保存於龍邊廂房入口處內側牆上，一座日治昭和三年（1928）廟宇重建時所立之〈龍角寺重修落成紀念碑〉中，更詳細記錄了廟宇的創建、修建年代、祭祀圈範圍，以及廟名緣由：「康熙年間創立廟宇，稱天后宮，昔人稱為『南路媽』；嗣於乾隆年間因草增修廟宇，多由角宿庄、附近十三庄有志組織募金改築；名以地傳則已，角宿取義，故改稱龍角寺焉！」（圖9-26）

此外，如從欣賞傳統廟宇建築藝術角度來觀察，角宿天后宮目前仍保有許多傳統建築藝術，如門神、石鼓（圖9-27）、藻井、憨番扛廟角（圖9-28至圖9-30）、剪黏（圖9-31至圖9-32）……等，皆可作為了解漢人傳統廟宇建築藝術之重要場域。

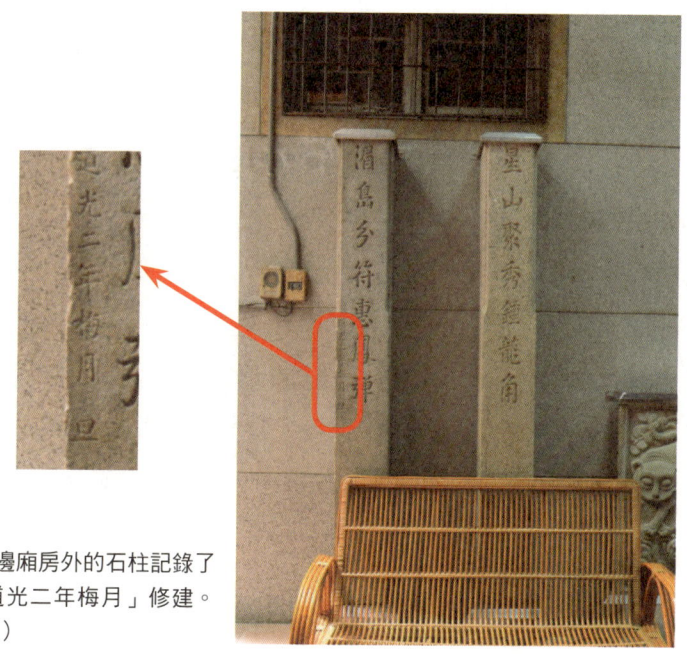

（圖9-24，虎邊廂房外的石柱記錄了廟宇曾於「道光二年梅月」修建。
攝影：殷豪飛）

（圖9-25 前殿「光被四表」匾額。攝影：殷豪飛）

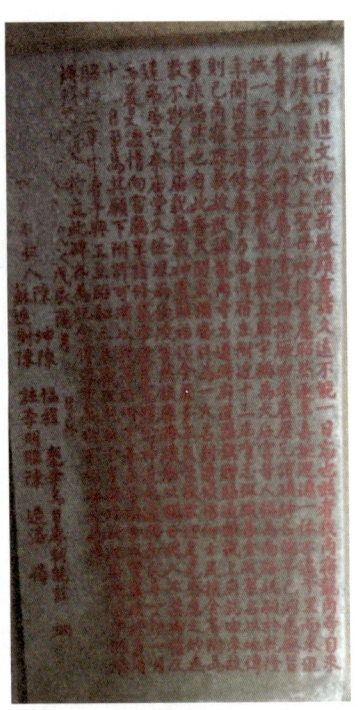

（圖9-27，角宿天后宮三川殿之石鼓。石鼓又名「抱鼓石」、「門鼓」，在傳統建築結構上，具有穩定門柱與門板的功能。攝影：殷豪飛）

（圖9-26，〈龍角寺重修落成紀念碑〉。攝影：王奇強）

（圖9-28，角宿天后宮保有傳統「憨番扛廟角」的廟宇建築元素，這類的裝置構件在傳統建築結構中，並不具力學功能，但卻反映了早期建築匠師的幽默。攝影：殷豪飛）

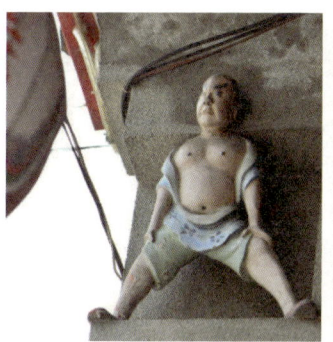

（圖9-29，安招神元宮的「憨番扛廟角」。攝影：殷豪飛）

（圖9-30，筆秀天后宮雖於近代修築，但仔細觀察墀頭處，也可發現「憨番扛廟角」的傳統藝術。攝影：殷豪飛）

（圖9-31，剪黏又稱「剪花」、「崁瓷」，此藝術品一般可見於廟宇屋脊、水車堵、壁堵等處，其題材多為民間傳說、神話、忠孝節義故事。攝影：殷豪飛）

（圖9-32，目前角宿天后宮建築物上，仍保有許多剪黏藝術品。攝影：殷豪飛）

（三）從燕巢安招神元宮尋找發展地方文創資源

　　在廟宇進行調查時，也可透過廟內的籤詩類型，了解廟宇於地方社會所扮演的角色。在台灣民間信仰中，「籤詩文化」是相當普遍的現象，信徒透過到廟裡抽籤、解籤，排解各式疑難雜症，祈求心靈慰藉。「抽籤」融合了神學、文學、心理學與機率，與一般的卜卦有異曲同工之妙，不同的是，抽籤將信賴基礎構築於自身與神明間的溝通與應允，非陰陽之說。[14]

　　位於高雄市燕巢區安招里主祀五穀先帝的「神元宮」（又名「先公廟」）（圖9-33），即保有台灣傳統的籤詩文化。「神元宮」為燕巢安招地方信仰中心，創建背景據傳是福建的商人來台經過此地，將其所攜帶之神農大地與謝府元帥二尊金身留在庄內一間小廟，乾隆二年（1737）才建廟於現址前，定名為「神農宮」；乾隆三十五年（1770）韓象坤等信眾捐獻土地重建廟宇於現址。另據《鳳山縣採訪冊》所載：「先公廟一在援勦右莊（觀音），縣北三十三里，屋八間，道光二十二年陳上老等董建。」推知，廟宇於道光二十二年（1842）由陳上老等人重建。爾後，明治四十四年（1911）時，因受暴風雨襲擊，地方人士李容等人發起重修，廟宇才改稱為「神元宮」。[15] 目前廟內籤詩共有命運籤詩、成人藥籤、小兒藥三類（圖9-34至圖9-35），滿足地方信徒的多元需求。

14　林金郎，〈籤詩的架構、內涵及社會文化意義〉，《歷史月刊》260 期（2009/09），頁 17。

15　余玫慧（2009），高雄縣神農大帝信仰之研究，台南：國立台南大學台灣文化研究所，頁 57-58。

（圖9-33，安招神元宮位於高雄市燕巢區安南路1號。攝影：殷豪飛）

（圖9-34，神元宮主祀五穀先帝，廟內籤詩有命運籤詩、成人藥籤、小兒藥籤三類。攝影：殷豪飛）

（圖9-35，神元宮正殿虎邊牆面上，張貼所有命運籤、成人藥籤、小兒藥籤的籤詩。攝影：殷豪飛）

(四) 從有交流、互動關係之廟宇尋找發展地方文創資源

國立高雄第一科技大學自民國 82 年（1993）創校以來，與鄰近廟宇建立良好互動關係，每逢新年期間，校長均會帶領一級主管至學校附近社區廟宇上香祈福。透過到廟宇謝神行事，除感謝神明庇佑校內師生，並可與當地民眾聯繫情感、聽取鄉親對學校之建言、做好敦親睦鄰工作。這些廟宇主要分布於橋頭、燕巢二行政區，包括：海峰法主宮、中崎關聖宮、中路林中安宮、下烏鬼埔鳳龍元帥府，以及位於旗楠路之福德祠（表9-3）。五間廟宇奉祀不同神明，海峰法主宮、中崎關聖宮主祀關聖帝君，祈求師生每年都可以事事順利，過關斬將；中路林中安宮主祀媽祖，保佑全體師生平安健康；土地公則是保佑鄉里居民招財納福。另鳳龍元帥府與第一科大淵源更可溯至民國 84 年（1995）建校時，當時元帥府正逢改建期間，社區居民分別認養廟柱、壁畫，第一科大也致贈靈雀報喜飾磚予廟方，據贈禮之時迄今已過二十餘載，目前該飾磚仍鑲崁於元帥府右側門的牆壁上，象徵學校與廟方多年情誼。

表9-3　國立高雄第一科技大學一級主管歷年祈福廟宇

舊聚落	廟宇	行政區	地址
海峰	法主宮	橋頭區	中崎里海峰路 1 號
中崎	關聖宮	橋頭區	中崎里中崎路關聖巷 11 號
中路林	中安宮	燕巢區	鳳雄里中路巷 5 號
下烏鬼埔	鳳龍元帥府	燕巢區	鳳雄里鳳龍巷 26 之 6 號
-	福德祠	燕巢區	鳳雄里旗楠路……

資料來源：王怡茹整理、製表。

9.3　田野調查資料之運用

一、田野調查資料彙整

　　田野調查結束後，盡快將調查時所取得之影像、錄音檔備份儲存，以免記憶卡故障導致資料遺失；最好趁記憶猶新時，同步將資料進行編碼、分類，減少後續整理、判讀時間。就調查到的資料彙整為有系統的表格資料，並可針對調查成果繪製地圖、模式圖，找出可發展地方文創之潛力點。如以國立高雄第一科技大學鄰近區域特色為例，透過田野調查工作後，可從地理環境、產業、歷史聚落、廟宇與宗教活動四大特色歸納出其文創發展潛力。（表9-4）

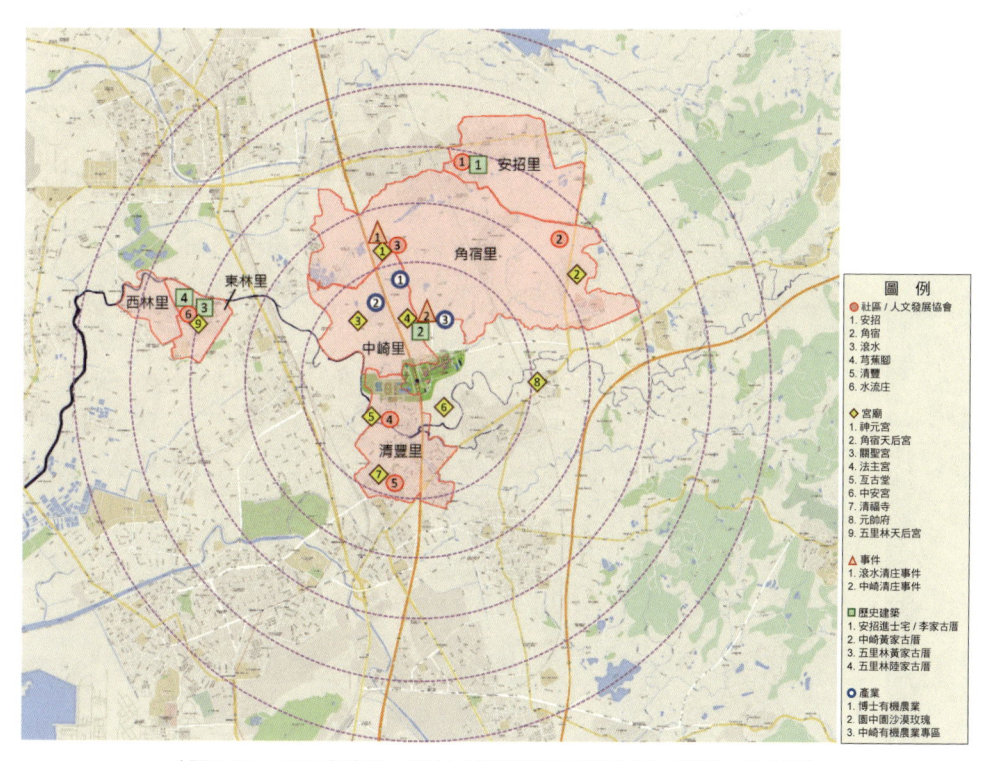

（圖9-36，國立高雄第一科技大學鄰近區域特色圖。繪圖：楊玟婕）

表9-4　國立高雄第一科技大學鄰近區域特色與文創發展潛力

	主題	特色	文創潛力
地理環境	河川	典寶溪的商貿發展與氾濫問題	1. 中崎黃家古厝 2. 五里林扛柱仔腳厝（東林村五林路七號楊宅） 3. 典寶溪滯洪池→自行車步道
	地質	泥岩惡地、泥火山地形	天然氣資源、飲食文化特色
產業	舊	傳統農業：芭樂、蜜棗、西施柚	燕巢三寶的創新、創意、創業
	新	1. 經濟作物：沙漠玫瑰、玫瑰、龍眼花蜜等 2. 果菜市場（蔬果集貨區） 3. 中崎有機農業專區	既有特色產業的創新＋新資源的創意→區域環境特色的創業資源
歷史聚落	舊	人文歷史、邊陲特性、抗外性格、人權	1. 明鄭屯田區：包括前鋒、後勁、後協、右衝、中衝、援剿中、援剿右、角宿、仁武等地，可結合舊地名、廟宇設置歷史進行文創特色發掘。 2. 清代商業頻繁、文風鼎盛之地： 　(1) 中崎黃家古厝 　(2) 安招進士宅：蕭逢源1894年甲午恩科進士 　(3) 仕隆許厝大埕：許長記紀念館 3. 日治時期：抗日事件發生地 　(1) 六班長清庄事件（1898）：三德村一一・一四紀念公園 　(2) 滾水庄清庄事件（1898）：殘滾水紀念碑 　(3) 書寫中衝崎：中崎「清庄殤曲」 　(4) 安招李家古宅 4. 民國時期：橋頭事件（1979），戒嚴30年第一次政治示威遊行。
	新	新住民（外配）	外來文化特色
廟宇與宗教活動		媽祖廟	以角宿天后宮為主，連結角宿13庄
		王爺廟	以右昌元帥府為主，連結北高雄各區
		清水祖師廟	鳳山厝、土庫
		一級主管參拜廟宇	與學校區位關係密切

資料來源：王怡茹、陳猷青製表。

二、地方文創發展研擬與規劃

透過前述調查工作之進行、區域特色歸納，以及文創潛力點之評估，最後可總結三個發展文創之主題面向與可能之作法（表9-5），以與金工、木工、3D列印……等創客工具結合，製作代表地方特色之文創商品雛形。

表9-5 國立高雄第一科技大學鄰近區域之文創發展面向研擬表

	主題	文創素材	可能之作法
自然環境面向	100平方里區域連結——典寶溪舊官道流域	歷史建築、聚落、文化景觀、民俗及有關文物、古物、自然地景、候鳥	1. 沿典寶溪上游、旗楠自然生態公園至第一科大生態池，規劃水鳥渡冬區觀賞動線；土庫清福寺的王爺信仰與夜巡活動的參訪。 2. 沿典寶溪中游（舊中崎溪中衝崎聚落，今中崎里一帶），結合橋糖糖蜜步道，規劃糖廠至中崎黃家古厝等，規劃明鄭、清領時期官方水道至日據製糖工業等文化導覽。 3. 由五里林典寶溪下游滯洪池一帶，結合當地腳踏車步道與因應水患在地成俗的「扛柱仔腳厝」（楊家古宅）的文化景觀導覽。
人文歷史面向	400年歷史步道——安招、角宿探源	歷史建築、聚落、文化景觀、傳統藝術、民俗及有關文物、古物	明鄭、清領至日據重要文化資源探索： 1. 以鄭成功屯田舊地，與在地信仰中心角宿天后宮（舊名龍角寺）探索為始。 2. 以明鄭清領至日據歷史為緯，接續進行蕭家進士宅[16]與李家古宅[17]等地方重要文化資產的探索。
在地產業面向	在地特色產業潛力發掘與價值提升	1. 自然地景（泥火山） 2. 生態環境（無農藥環境復育螢火蟲等生態）	1. 持續既有特色產業（燕巢三寶：芭樂、蜜棗、西施柚）的創新附加價值思考。 2. 發掘在地新特色產業與特有自然景觀，如：中崎有機農業專區、沙漠玫瑰等特色產業。 3. 滾水一帶的泥火山自然景觀，協助發展結合創意與在地環境特色的創業資源。

資料來源：陳猷青提供，王怡茹製表。

---

[16] 清末甲午進士蕭進源舊宅。

[17] 日據時期援剿區區長李明聰先生古宅，其二子李添盛則是地方自治後第一屆民選鄉長。

9.4　在地資源探討於實作

一、燕巢芭樂木木工筆實作設計

　　由於國立高雄第一科技大學座落於楠梓與燕巢之間，所以有必要對其區域特色如附近的楠梓或燕巢進行在地資源的探討。眾所周知，「燕巢有三寶」，主要是指芭樂、蜜棗、西施柚，它們的品質都獲有全國第一的口碑。燕巢除有三寶外，還有泥火山、雞冠山、養女湖、太陽谷、阿公店水庫等觀光景點。

　　燕巢鄉擁有相當多的觀光景點，所以也出產了許多可口、好吃的水果，其中所生產的珍珠芭樂香脆多肉，甜度都在二十度以上，俗話說得好：「台灣水果甲天下，燕巢芭樂甲台灣」，它之所以遠近馳名，關鍵就在於完美的品種、相適的土地，以及精確的栽培技術，可見種芭樂也是需要去不斷學習的。

　　通常農夫在種植燕巢芭樂準備拓墾階段時，就不會再繼續採收了芭樂，由於芭樂樹幹本身樹齡比較老，所以要開始剷除枝幹，並把地再深翻、平整一次，以利於重新培養土地，然後才可種下幼苗。通常在這個階段會比較辛苦，因為要移除大量舊枝幹，有時芭樂木受到風災無情的破壞，也常造成部分樹木斷枝。

　　針對芭樂木斷枝的部分，大部分都是拿去燒掉處理，令人感到非常可惜，覺得芭樂樹枝或枝幹，應該可以拿來做些什麼，靈機一動之下，發現現今環保一直是近年常提到的話題之一，其實把環保的元素帶入商品中並不困難，但要將廢棄物再利用給予其第二生命卻是有難度的。

　　本校創夢工場為了達到 Maker 實作之精神及落實環保效應，我們把這些芭樂木斷枝搬回創夢工場，經討論過後，決定運用創夢工場的木工教室，來製作成芭樂木的木工筆設計，希望藉由創意的設計給予芭樂木新的生命。

(圖9-37，燕巢芭樂木 & 廢棄木，葉俊男老師提供)

二、芭樂木筆操作

透過本校創夢工場木工教室，運用鑽床及車床設備的操作使用，搭配現有的筆套件材料，運用燕巢芭樂木枝幹，來實際製作出一個屬於燕巢在地特色芭樂木的芭樂文創筆設計，既環保又時尚，同時也擁有燕巢在地特色之活用及延伸。

芭樂木筆

- 廢木利用(環保議題)
- 芭樂木殘枝(針對燕巢在地)
- 創夢木工教室(鑽床、車床)
- 筆套件(針對製筆耗材)

(圖9-38，燕巢芭樂木工筆設計操作，陳建志提供)

三、木工筆實際操作部分

(一) 木工筆材料

　　木工筆所會運用到的材料，除了主角芭樂木之外，還有一枝筆所需的材料，最重要的就是筆內的筆尖、筆芯、內徑管、內管、圈套環及筆尾蓋，零件分布圖及木工筆完成品，如圖 9-39 所呈現。以下將介紹如何使用傳統機具的鑽床及車床加工。在製作楠梓芭樂木的木工筆之操作步驟時，請務必要專注於機具操作的安全性。

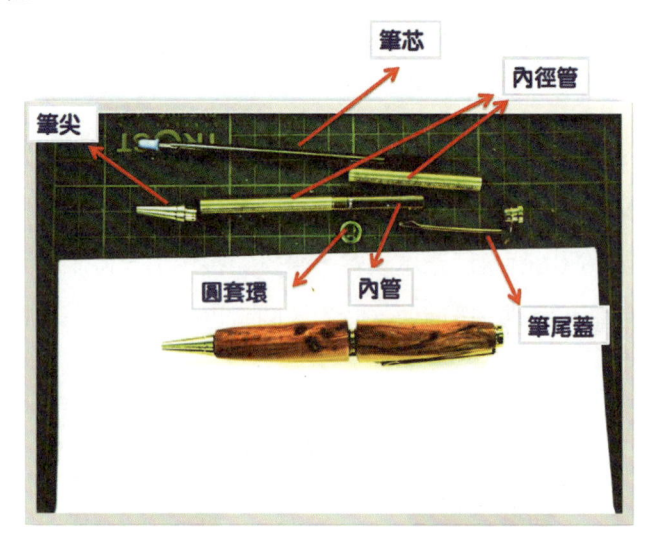

（圖9-39，燕巢芭樂木工筆零件分布，葉俊男老師提供）

(二) 裁切木材要領

　　主要是透過裁切機具上的尺規，來當作水平裁切的標準，請各位注意，為了達到水平的裁切，有時會在裁切的木材下，適時的運用不要的廢棄木材當作填充物，呈現與尺規達到水平的效果，也就是木頭切面與尺規達 90 度角，即可進行裁切，此時必須非常小心握住木頭，這樣進行裁切時才不會晃動位移，如圖 9-40 所示。

(圖9-40，燕巢芭樂木工筆裁切部分說明，葉俊男老師提供)

(三) 鑽床操作要領

　　透過裁切機具上的尺規裁切出平整的芭樂木面後，即可開始將所購買的筆套件，鑽入頭部內，此時，必須使用與套件外徑尺規相同的鑽尾，並務必對準平面之中間圓心，且左手須緊握住木材。另外，還須留意萬力夾具，以避免滑動位移，如圖 9-41 所示。

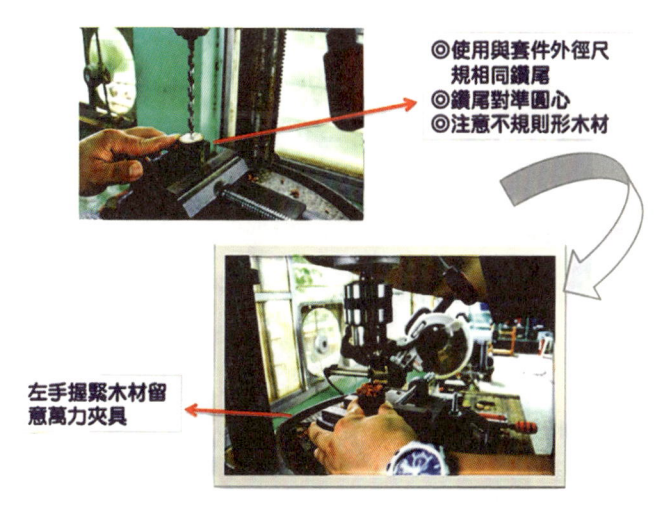

(圖9-41，燕巢芭樂木工筆鑽床部分說明，葉俊男老師提供)

(八) 車刀之握持要領之二

　　車刀的握持姿勢，可依照自己喜好，來帶入不同角度，慢慢地將筆身均勻形塑，形塑到呈現圓柱狀態後，即可取下木材，如圖 9-46 所示。

(圖9-46，車刀握持及取下木材，葉俊男老師提供)

(九) 裝入筆套件內徑管之一

　　取下木材之後，可使用圓搓刀工具，慢慢地細修木材內孔處，修整後即可裝入筆套件之內徑管，如圖 9-47 所示。

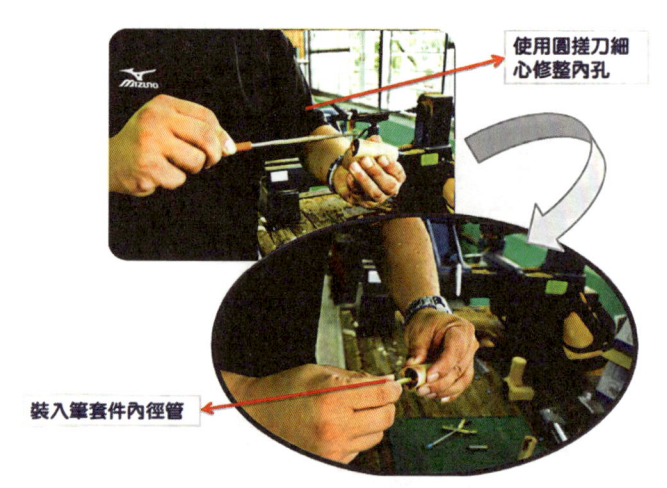

(圖9-47，裝入筆套件內徑管，葉俊男老師提供)

(十) 裝入筆套件內徑管之二

　　細修木材內孔之後，可使用木槌輕敲內徑管，慢慢地將內徑管敲擊進入木材內，針對雙節式的筆套件，兩節木材都要裝入內徑管，如圖 9-48 所示。

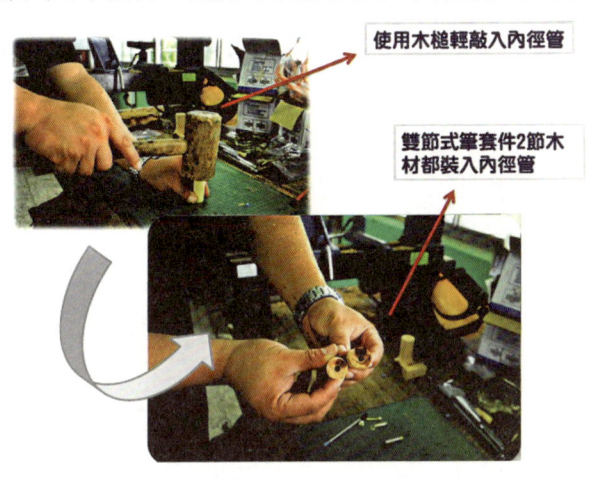

(圖9-48，裝入筆套件內徑管，葉俊男老師提供)

(十一) 裝入筆套件內徑管之三

　　對於裝入內徑管的木材，前後端可使用襯套拴緊將其固定於車床，並且持續進行外型的車工塑形，造型可依個人喜好而設計，本課程操作主要是以飛彈造型作設計，如圖 9-49 所示。

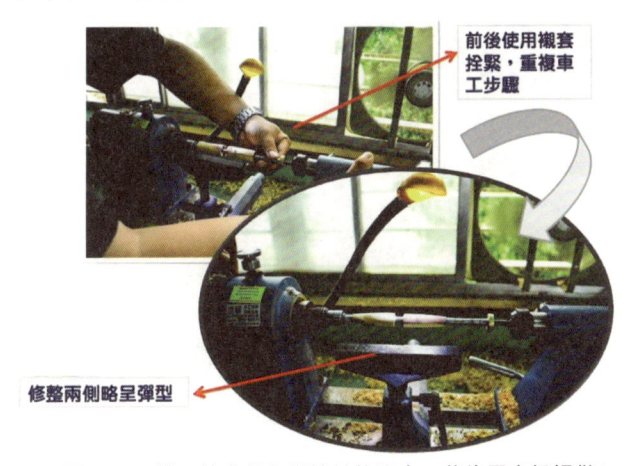

(圖9-49，裝入筆套件內徑管前後固定，葉俊男老師提供)

(十二) 細磨工作

　　首先使用粗的砂布開始磨起,慢慢地再進行到細的砂布,就是從砂布的號碼,由小至大,由粗至細的步驟持續磨起,如圖 9-50 所示。

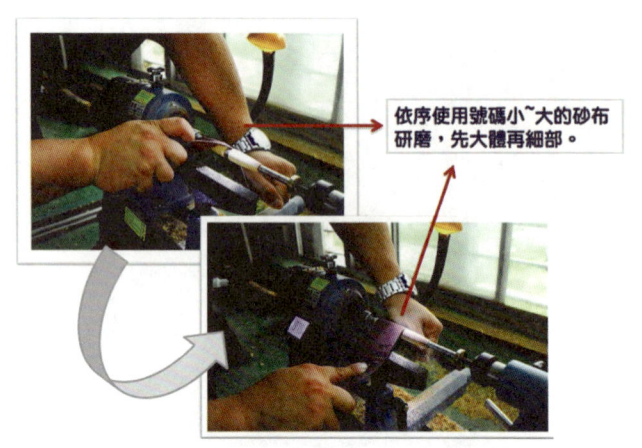

(圖9-50,進行木工筆研磨,葉俊男老師提供)

(十三) 拋光工作

　　透過砂布磨細之後,接著使用砂布來進行拋光動作,如圖 9-51 所示。

(圖9-51,進行拋光動作,葉俊男老師提供)

(十四) 內管及筆尖敲入木頭筆內

可慢慢地將內管及筆尖，透過槌子輕敲至木頭筆身內，就大致完成，如圖 9-52 所示。

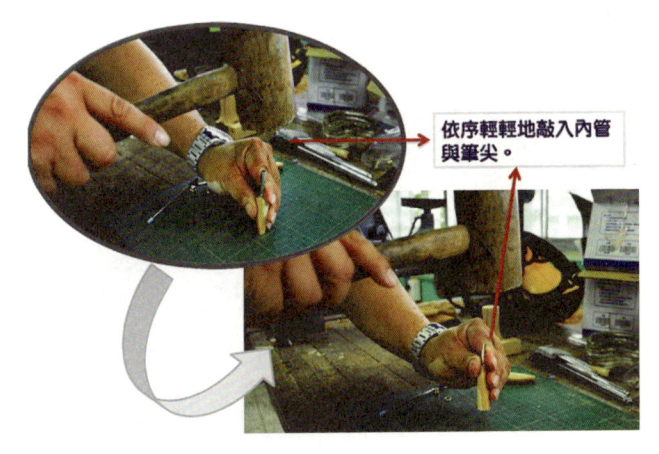

(圖9-52，內管及筆尖敲入木筆內，葉俊男老師提供)

(十五) 套入筆芯與圓墊套

可慢慢地套入筆芯與圓墊套至木頭筆身上，木工筆筆身加工完成！如圖 9-53 所示。

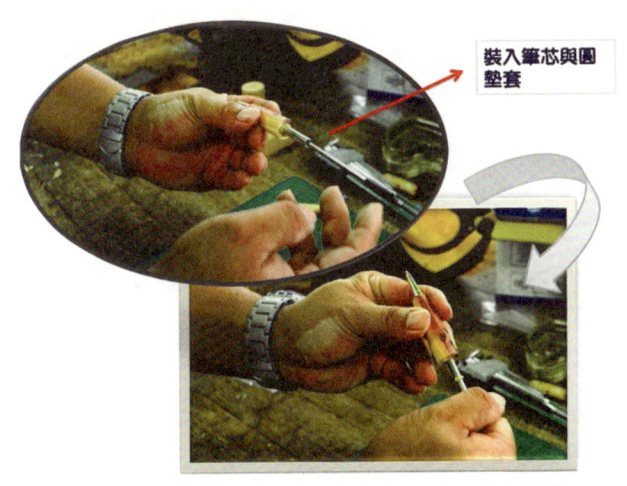

(圖9-53，套入筆芯與圓墊套，葉俊男老師提供)

創意實作 ▶ 在地文化資源的調查方法與應用

（十六）裝入第二節筆桿及筆尾蓋

最後，裝入第二節筆桿及用木槌敲入筆尾蓋，木工筆作品就大功告成了！如圖 9-54 所示。

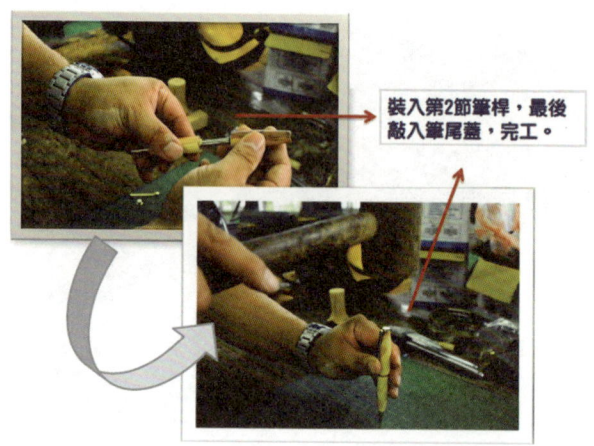

（圖9-54，內管及筆尖敲入木筆內，葉俊男老師提供）

（十七）芭樂木工筆作品呈現

完成上述操作步驟，即可完成一枝時尚與在地特色兼具的芭樂木工筆作品，如圖 9-55 所示。

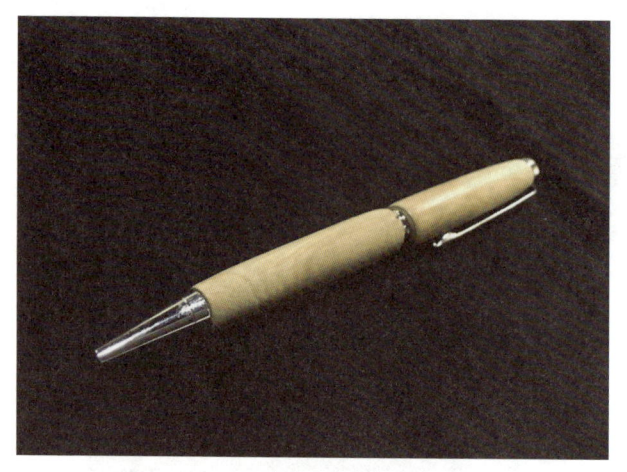

（圖9-55，芭樂木工筆作品，陳建志提供）

可搭配剩餘的木材，製作成木材筆架的底座設計，充分表現木頭所呈現之溫暖的效果，再加個包裝盒，即可販售與推廣。透過將當地不要的芭樂木斷枝，透過自己動手設計、動手實作，所完成的木工筆如圖 9-56 所示。

(圖9-56，芭樂木工筆＋底座呈現，陳建志提供)

四、典寶溪魚網魚墜實作設計

典寶溪發源於高雄市燕巢區烏山頂，向西流經大社區、楠梓區、橋頭區、岡山區、梓官區蚵仔寮，最終於援中港附近注入台灣海峽。每逢遇到颱風豪雨的時候，都要藉由典寶溪來排放洪水，以避免造成災害。

高雄市河川也因產業及人口的迅速發展，開始受到嚴重的污染，典寶溪也是名列其中。根據相關單位對於典寶溪的檢測結果，發現典寶溪的水質屬於中度至嚴重污染的狀況範圍，而其中污染來源包括工業排放廢水、民生污水及畜牧廢水，其中以民生污水之污染量最高，主要原因在於下水道系統尚未建設，每家的污水都會經由屋前的排水溝，流入雨水箱後排放進入典寶溪，而造成河水汙染。

典寶溪的支流有流經第一科大燕巢與楠梓校區，但鮮少有人為它駐足。近年環保意識逐漸抬頭，讓我們不得不正視典寶溪所遭受的污染。為了讓同學能用更貼近的視角來感受，我們決定在典寶溪上中下游找出 20 個水源，採集樣

創意實作 ▶ 在地文化資源的調查方法與應用

本，並將其以矽膠模型呈現。在學校附近的清豐社區有個傳統產業──魚網墜。清豐社區曾經是台灣生產最多魚網墜的地方。透過創新創業教育中心的跨領域實務專題課程，將模型結合在地意象，運用典寶溪傳統產業「魚網墜」的形式以矽膠、PLA、Poly 做成模型設計，並將水源狀況轉化成透明的魚網墜模型，呈現典寶溪上中下游水環境的模擬樣態。下方是試灌 poly 模型，內放國立高雄第一科技大學的 logo 當作示範，如圖 9-57 所示。

(圖9-57，第一科大 logo poly 模型，陳建志提供)

五、魚網魚墜模型操作

透過跨領域實務專題課程，學生都來自各不同科系，大家都是從零開始學習灌 Poly，從一開始分配學生從典寶溪上中下游找尋汙染物，到實際建構大型魚墜 3D 模型，一直到為模型進行補土，來磨出光滑面之後，即可開始灌矽膠模具，等乾了之後就可調配 Poly 及每層要放置的汙染物，此一實際操作步驟流程如圖 9-58 所示。

9-44

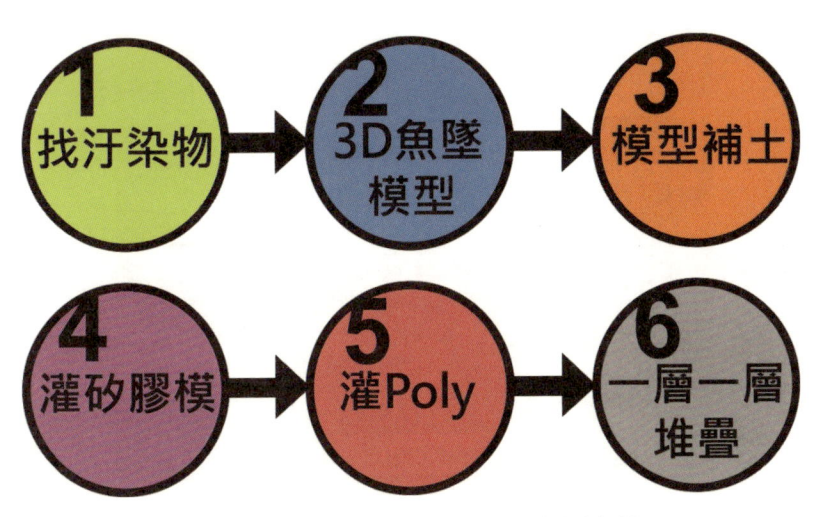

```
1 找汙染物 → 2 3D魚墜模型 → 3 模型補土
4 灌矽膠模 → 5 灌Poly → 6 一層一層堆疊
```

(圖9-58，魚網魚墜灌模操作步驟，陳建志提供)

六、魚網魚墜灌模操作部分

(一) 主要灌模材料

針對典寶溪上中下游的 20 個水源，採集樣本，並將其以矽膠模型呈現，在一開始就必須先作製作矽膠模具用的紙盒，接著灌膠模具，所以要準備矽膠與硬化劑，之後將補土打磨光滑的魚網魚墜 3D 模型放入盒內，即可開示灌矽膠，等矽膠乾了，方可取出 3D 模型，然後灌入 Poly 與加硬化劑，這時就可以依照自己的喜好，將每層要灌進去的材料，慢慢地放入 Poly 內，一旦乾了之後，就可以再接著灌入下一層了。製作所需要的材料包括：紙盒、3D 魚墜模型、補土、矽膠 + 硬化劑、Poly + 硬化劑等材料，如圖 9-59 所示，灌矽膠模其實很簡單，但有幾點注意事項：1. 確認放入透明 Poly 內的材料是什麼、2. 留意硬化所需的時間，以及 3. 硬化劑的固定調配比例。請務必仔細看好以下的操步驟囉。

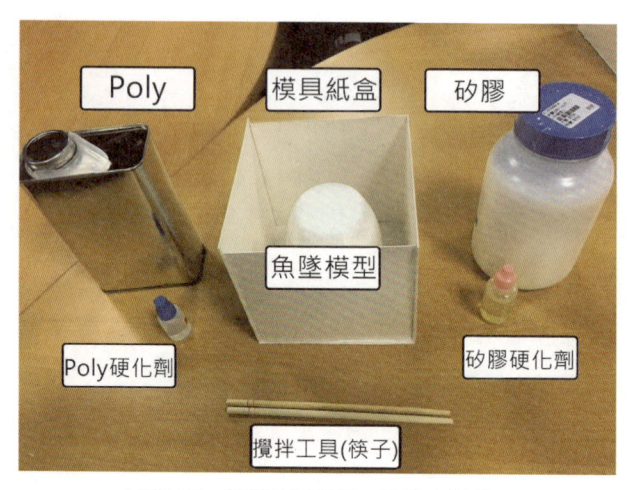

(圖9-59，灌模主要材料，陳建志提供)

(二) 魚墜紙盒製作

主要材料有四開牛奶紙、剪刀、膠帶、保利龍膠，一開始在紙上畫出一個尺寸為 11×11 公分的正方形，當作盒子的底部；另外在紙上畫出四個尺寸皆為 11×13 公分的長方形，當作盒子的牆壁 (四邊要比模型還要高出 2 公分)。割下所有的紙片，將其排列整齊後，用膠帶貼滿紙盒內部，以方便脫膜，並且確認是否有縫隙；若有縫隙，則必須以保利龍膠封死，如此就可以完成紙盒模型，如圖 9-60 至 9-63 所示。

1. 在紙上畫出四個尺寸為 11×13 公分的長方形，當作盒子的牆壁 (四邊要比模型還要高 2 公分)。

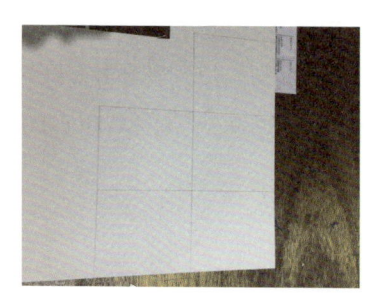

(圖9-60，紙盒製作步驟，劉昱琦提供)

2. 割下所有的紙片,將其排列整齊後,用膠帶貼滿紙盒內部,以方便脫膜。

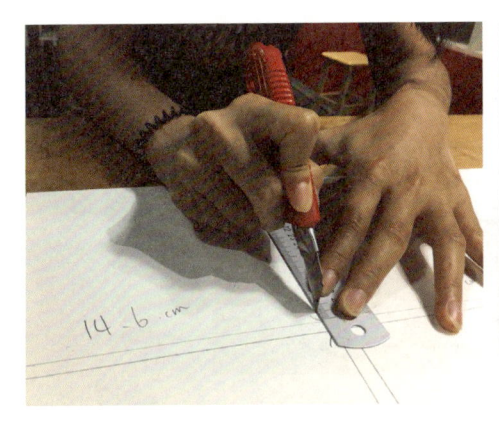

(圖9-61,紙盒製作步驟,劉昱琦提供)

3. 內層一經固定,即可用膠帶在外層固貼,並確認是否有縫隙;若有縫隙,則必須以保利龍膠徹底封死。

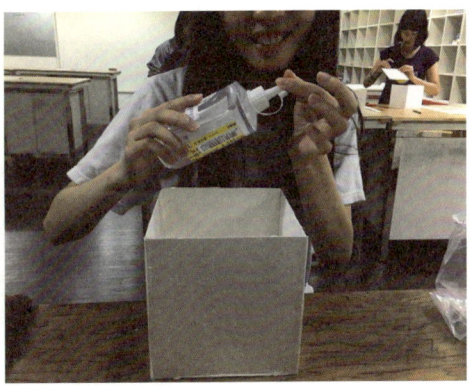

(圖9-62,紙盒製作步驟,劉昱琦提供)

4. 製作模具的紙盒，即可完成，如圖 9-63 所示。

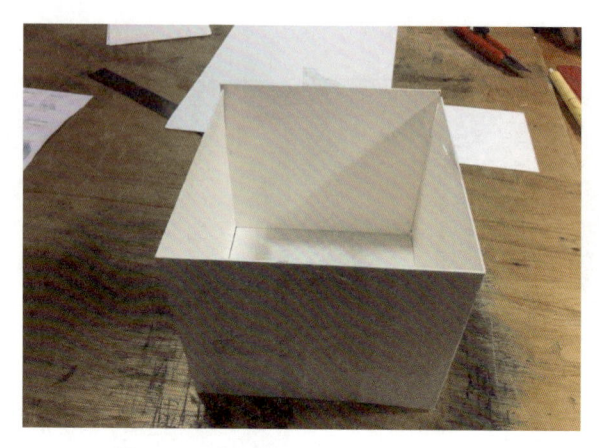

(圖9-63，紙盒製作步驟，劉昱琦提供)

(三) 3D 魚墜模型 + 補土製作

主要是透過 3D 列印，製作出一個 3D 魚網魚墜約 10 倍大的模型，由於要放入紙盒內灌矽膠模具，所以表面必須是光滑的，我們可運用工業用補土，均勻塗抹在模型上，待乾了之後，再透過砂紙 (由粗到細) 來進行光滑面的打磨，這段工作會稍微辛苦一點。也請注意要記得戴口罩，以便進行打磨作業，如圖 9-64 至 9-68 所示。

(圖9-64，魚墜 3D 模型，陳建志提供)

1. 使用工業補土加硬化劑調配，補土比例約半個手掌大，加上約半坨指甲大般的黃色硬化劑，之後再用筷子均勻調配變淺黃色及塗抹在 3D 魚墜模型上，如圖 9-65 所示。

（圖9-65，魚墜 3D 模型補土，劉昱琦提供）

2. 均勻塗抹補土到模型上之後，要靜放 30 分鐘左右，等補土乾了之後，即可進行手磨作業，此時，也希望在打磨時能配戴口罩及手套，比較不會受到補土的味道所影響。打磨時，先以粗砂紙 (#150) 粗磨，再以中砂紙 (#240) 中磨，最後以細砂紙 (#400.#600) 處理細節，表面必須光滑無瑕。如果磨到見物時，就必須重新補一次。

3. 進行打磨時，建議戴口罩，表面必須磨到光滑無瑕，才可以進行灌矽膠模具的作業。

（圖9-66，魚墜 3D 模型補土，陳建志提供）

創意實作 ▶ 在地文化資源的調查方法與應用

要不斷的用砂紙進行打磨，如果磨到見物，甚至還要再進行第二次補土加工，直到光滑表面。

（圖9-67，魚墜 3D 模型補土，陳建志提供）

（圖9-68，魚墜 3D 模型打磨流程，陳建志提供）

（四）魚網墜灌矽膠模步驟

主要材料為魚網墜模型、紙盒、電子秤、紙杯、竹筷、翻模用矽膠、硬化劑。一開始先檢查盒子是否密合，有無縫隙，之後在模型底部用泡棉膠黏好，如此一來，在灌入矽膠的過程中，模型就不會因晃動而跌倒。之後置放小紙

杯於磅秤上，待歸零後，即可倒入矽膠和硬化劑，比例為矽膠 100：硬化 2，用筷子進行攪拌，如圖 9-69 至 9-72 所示。

　　1. 檢查盒子是否密合，有無縫隙，之後在模型底部用泡棉黏好，這樣模型就不會因晃動而跌倒。

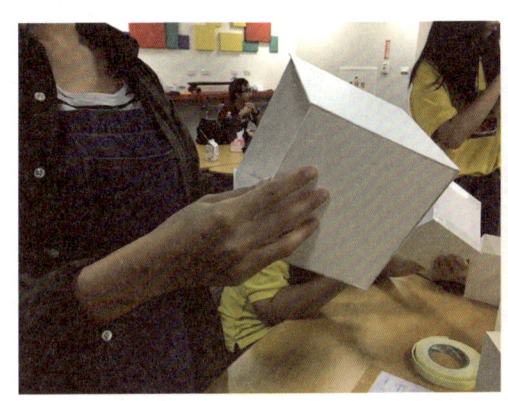

（圖9-69，灌矽膠模具步驟說明，劉昱琦提供）

　　2. 模型底部黏完泡棉膠之後，會產生一個 2 mm 的厚度，如此一來，在灌入矽膠的過程中，模型就不會因晃動而跌倒，如下左圖所示。之後就可開始依比例調配矽膠及矽膠用硬化劑了。

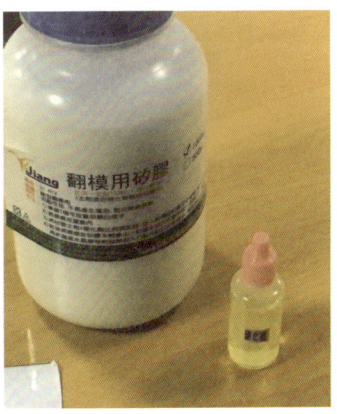

（圖9-70，灌矽膠模具步驟說明，陳建志提供）

創意實作 ▶ 在地文化資源的調查方法與應用

3. 將小紙杯置於磅秤上，待歸零後，即可倒入矽膠和硬化劑放磅秤秤重，比例為矽膠 100：硬化 2。

（圖9-71，灌矽膠模具比例調配說明，劉昱琦提供）

4. 將混合物由下往上順時針攪拌，直到杯內的黃色硬化劑漸消失為止，即可從模型頂部倒入矽膠，之後就可以依照方法，繼續層層堆疊即可，如圖9-72 所示。

（圖9-72，灌矽膠模具比例調配說明，劉昱琦提供）

層層堆疊，要超過內部的模型高度，至少 1~2 cm 左右，下圖左邊是失敗的，因為沒有高出模型 1~2 cm，右邊的圖就是成功的，因為有灌高出模型 1~2cm 的矽膠。

(圖9-73，灌矽膠模具比例調配說明，劉昱琦提供)

(五) 魚網墜灌矽 Poly 步驟

主要材料：POLY、硬化劑、紙杯、筷子、磅秤、橡皮筋。在用小刀取出矽膠模具內的模型之後，第一個動作就是先用橡皮筋綑緊，而 Poly 及硬化劑的比例是 142.8：1，就是倒出 Poly 秤 142.8 克，然後硬化劑 1 克。調配完成即可倒入用小刀割開取出模型的矽膠模具中。

(圖9-74，灌 Poly 比例調配說明，劉昱琦提供)

創意實作 ▶ 在地文化資源的調查方法與應用

1. Poly 及硬化劑的比例是 142.8：1，左邊 Poly 秤 142.8 克，然後右邊倒入硬化劑 1 克。

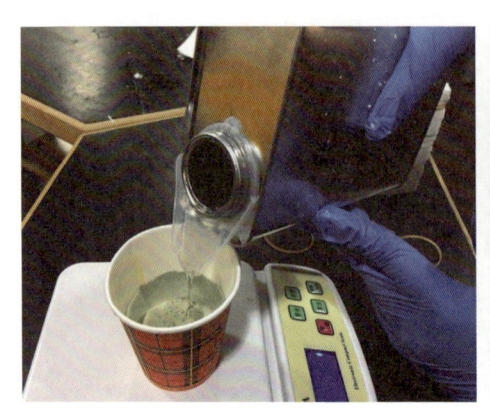

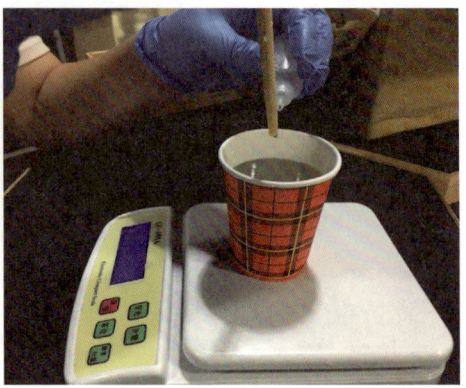

(圖9-75，灌 Poly 比例及硬化劑比例 142.8：1，劉昱琦提供)

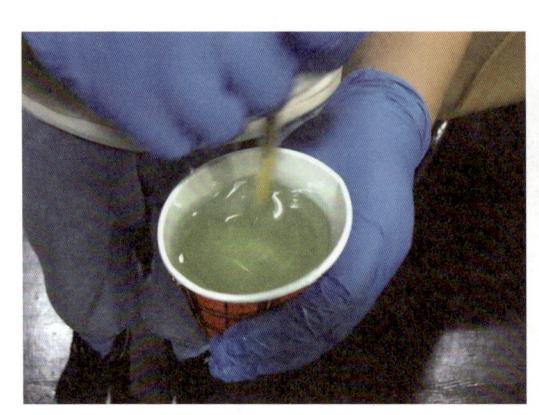

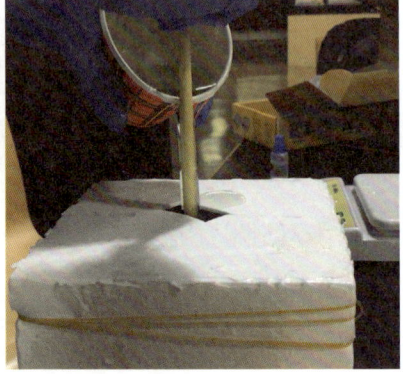

(圖9-76，攪拌後順著筷子倒入模具內，劉昱琦提供)

2. 先倒入 1/3，等三分鐘，稍硬之後，將所找到的典寶溪雜質放入模具中，繼續倒入 Poly，約等十二分鐘後，檢查是否變硬。變硬後繼續重複順著筷子來倒入調配後的 Poly。繼續層層堆疊，直到 Poly 與模具洞口達到水平才算完成，之後留放隔夜冷卻等待硬化即可。

(圖9-77，等待模具內的 Poly 乾掉即可，劉昱琦提供)

(六) 魚網墜灌成品

隨著比例，每層等待 3 分鐘後，陸續加入備好的物品到模具中，每層在 3 分鐘後即可加入物品，以此類推。層層堆疊，到達頂端後，再等待一天的時間，及可將內部乾掉了的 Poly 取出，如圖 9-78 所示。

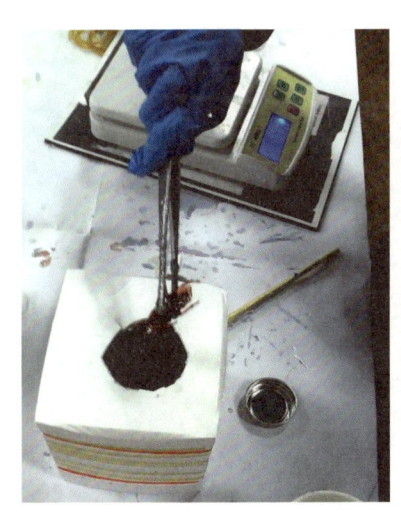

(圖9-78，加入的物品到模具中，劉昱琦提供)

創意實作 ▶ 在地文化資源的調查方法與應用

(圖9-79，魚網魚墜成品，劉昱琦提供)

透過跨領域實務專題課程的實際操作，結合了模型與在地意象的創意，利用典寶溪傳統產業「魚網墜」的形式以矽膠、Poly 做成模型呈現，將水源狀況轉化成透明的魚網墜模型，呈現出典寶溪上中下游水環境的模擬樣態，極具省思及教育意義的正面能量，如圖 9-80 所示。

(圖9-80，魚網魚墜成品，劉昱琦提供)

(七) 成品展示

(圖9-81，魚網魚墜成品展示成果，陳建志提供)

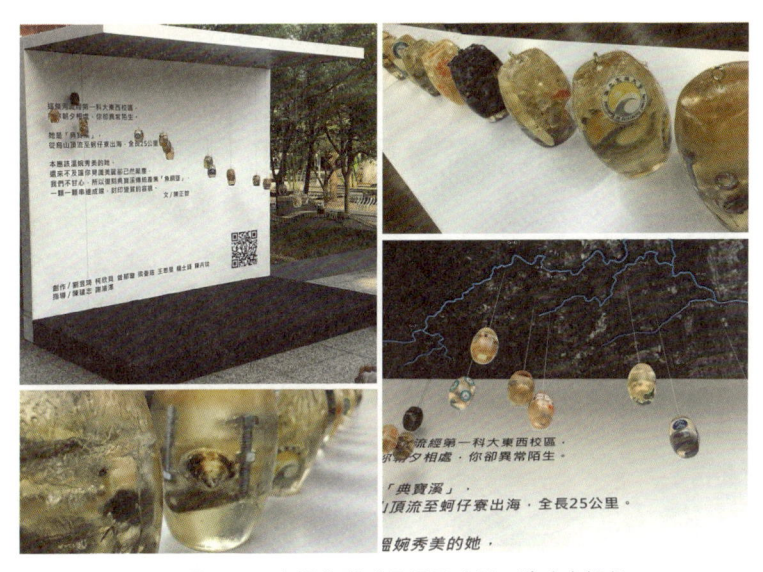

(圖9-82，魚網魚墜成品展示成果，陳建志提供)

　　透過展示效果，將典寶溪流域污染的問題，以 Poly 灌模的方式，呈現給大眾知道。經由實作灌模的呈現，更加了解我們目前生態所面臨之問題。希望透過動手實作，除了能讓學生們更加體會大自然的破壞，並懂得珍惜他們在典寶溪上中下游，親身撿拾污染物來灌 Poly 的努力付出。

創意實作 ▶ 在地文化資源的調查方法與應用

七、動手實作回饋於在地資源調查應用之省思

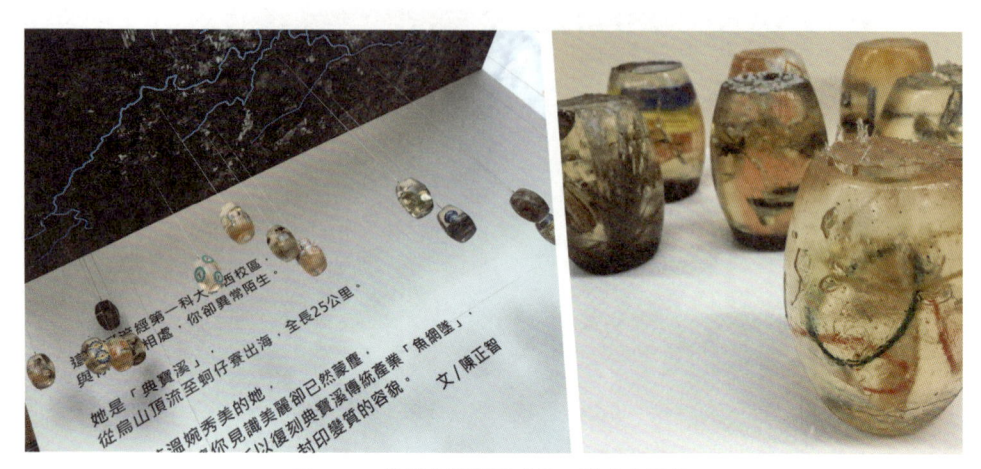

(圖9-83，芭樂木筆展示成果，陳建志提供)

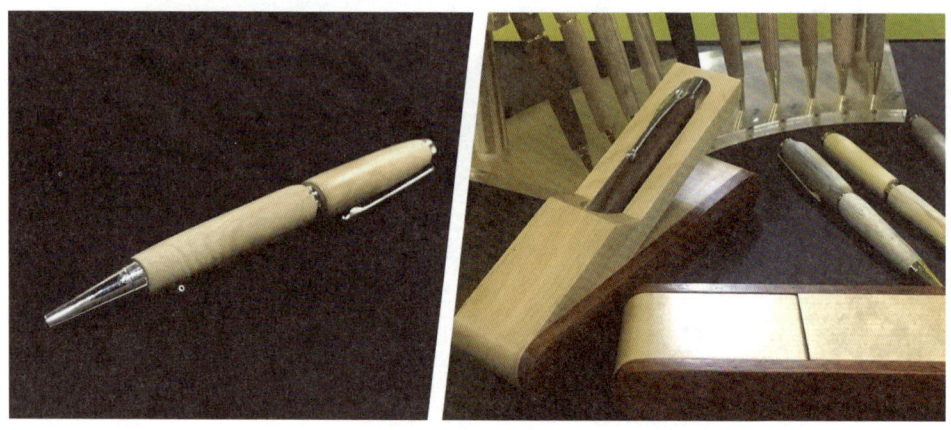

(圖9-84，魚網魚墜成品展示成果，陳建志提供)

　　透過在地資源的親身調查而了解在地問題，因此運用實作設備及技法，來將其問題得以呈現。希望藉由透過實體作品的呈現，讓人們更加了解在地生活、文化、資源等問題的重要性，透過上述兩組實作木工筆及灌 Poly 作品，來呈現

燕巢芭樂斷枝及典寶溪流域汙染的問題,讓人們能更體會在地污染的重要性及在地資源的有效運用,從中去省思在地資源的真實問題,透過實作與在地調查的有效操作,讓人們對於動手實作能更有感受。

國家圖書館出版品預行編目資料

創意實作—Maker 具備的 9 種技能 ⑨：在地文化的調查方法與應用 / 王怡茹、陳建志編 .-- 1 版 .-- 臺北市：臺灣東華，2018.01

72 面；17x23 公分

ISBN 978-957-483-921-6　（第 1 冊：平裝）
ISBN 978-957-483-922-3　（第 2 冊：平裝）
ISBN 978-957-483-923-0　（第 3 冊：平裝）
ISBN 978-957-483-924-7　（第 4 冊：平裝）
ISBN 978-957-483-925-4　（第 5 冊：平裝）
ISBN 978-957-483-926-1　（第 6 冊：平裝）
ISBN 978-957-483-927-8　（第 7 冊：平裝）
ISBN 978-957-483-928-5　（第 8 冊：平裝）
ISBN 978-957-483-929-2　（第 9 冊：平裝）
ISBN 978-957-483-930-8　（全一冊：平裝）

創意實作—Maker 具備的 9 種技能 ⑨
在地文化的調查方法與應用

編　　者	王怡茹、陳建志
發 行 人	陳錦煌
出 版 者	臺灣東華書局股份有限公司
地　　址	臺北市重慶南路一段一四七號三樓
電　　話	(02) 2311-4027
傳　　眞	(02) 2311-6615
劃撥帳號	00064813
網　　址	www.tunghua.com.tw
讀者服務	service@tunghua.com.tw
門　　市	臺北市重慶南路一段一四七號一樓
電　　話	(02) 2371-9320
出版日期	2018 年 1 月 1 版 1 刷

ISBN	978-957-483-929-2

版權所有 · 翻印必究